数字化多媒体教材系列

现代学徒制试点教材

乳制品加工技术

主　　编　顾瑜萍
副主编　徐　琴
编委成员　顾瑜萍　徐　琴
　　　　　何国波

复旦大学出版社

1. 在微信小程序中搜索
"感知自适应学习"

2. 扫描二维码即可
查看相关内容

Preface
前　言

乳制品加工技术 AR 教材是以人工智能自适应学习系统为基础，以 AR（增强现实）为内容呈现手段，以三维动画、三维模型等形式呈现乳制品加工设备的结构和加工原理，以虚拟现实（VR）操作视频呈现典型乳制品加工流程，使乳制品加工的理论知识"跃"然纸上，以激发学习兴趣，提高学习效率；基于手机微信小程序的自适应学习系统也将根据学生知识点的掌握情况，为每位学生匹配个性化的学习建议，帮助更多的学生更快速地掌握知识，提升自主学习能力。

本书以乳制品加工职业岗位的需求为导向，紧扣食品安全国家标准的要求，注重良好职业素质的养成。内容由乳制品加工基础知识、典型乳制品的加工、特色乳制品的加工 3 个部分组成。

本书是由从事食品专业教学的教师和行业技术人员共同编写完成。上海科技管理学校的徐琴老师编写绪论和模块一，顾瑜萍老师编写模块二和模块三；上海光明乳业华东中心工厂的何国波负责全书的审阅和统稿。

本书既可作为中等职业学校食品类专业的教材，也可以作为乳制品加工岗位培训的参考资料。由于水平和时间有限，书中有不妥之处，敬请使用本教材的各位老师和同学提出宝贵意见，以使教材得到充实和完善。

Contents
目 录

绪论 0-1

模块一　乳制品加工基础知识

项目一　岗位认知与卫生规范 1-2
　　任务 1　乳制品行业典型工作岗位认知 1-2
　　任务 2　乳制品加工从业人员基本职业素质养成 1-6
项目二　原料乳的验收与预处理 1-17
　　任务 1　认识原料乳 1-17
　　任务 2　原料乳的接收与贮存 1-24
　　任务 3　原料乳的检验 1-28

模块二　典型乳制品的加工

项目一　液体乳的加工 2-2
　　任务 1　认识液体乳 2-2
　　任务 2　巴氏杀菌乳加工 2-7
　　任务 3　灭菌乳加工 2-20
项目二　发酵乳的加工 2-28
　　任务 1　认识发酵乳 2-28
　　任务 2　发酵乳的加工 2-37
项目三　乳粉的加工 2-46
　　任务 1　全脂乳粉加工 2-46
　　任务 2　婴儿配方乳粉加工 2-62

项目四 **干酪的加工** 2-70
  任务1 天然干酪的加工 2-70
  任务2 再制干酪的加工 2-87

模块三　特色乳制品的加工

项目一 **冷冻饮品的加工** 3-2
  任务1 冰淇淋的加工 3-2
  任务2 雪糕的加工 3-17
项目二 **奶油的加工** 3-23
  任务 奶油的加工 3-23
项目三 **炼乳的加工** 3-37
  任务 炼乳的加工 3-37

绪　论

一、乳制品的定义与分类

乳制品指的是使用牛乳或羊乳及其加工制品为主要原料,加入或不加入适量的维生素、矿物质和其他辅料,符合法律法规及标准规定所要求的条件,经加工制成的各种食品。乳制品分以下 7 大类。

（1）液体奶类　主要包括巴氏杀菌乳(包括高温杀菌乳)、灭菌乳(包括超高温灭菌乳、保持灭菌乳)、调制乳、发酵乳(包括常温发酵乳)、含乳饮料。

（2）乳粉类　主要包括全脂乳粉、脱脂乳粉、部分脱脂乳粉、调制乳粉(全脂加糖乳粉、调味乳粉、婴幼儿配方乳粉和其他配方乳粉)、牛初乳粉。

（3）炼乳类　一种浓缩型牛奶,用于佐餐、加入咖啡或作食品配料,有淡炼乳、加糖炼乳、调制炼乳 3 种。

（4）乳脂肪类　以乳脂肪为原料浓缩而成的乳制品,主要包括稀奶油、奶油、无水奶油等。

（5）干酪类　主要包括成熟干酪、霉菌成熟干酪、未成熟干酪、再制干酪等,是一种营养价值极高的奶制品。

（6）乳冰淇淋类　以牛奶为原料,配以脂肪、香料、稳定剂、抗氧化剂、蔗糖等物质,经凝冻制成的产品,包括乳冰淇淋、乳冰等。

（7）其他乳制品类　主要包括干酪素、乳糖、乳清粉、浓缩乳清蛋白、奶片等。

二、中国乳制品行业发展历程分析

乳制品行业产业链条相对较长,包括上游供应和下游需求,如图 0-1 所示。

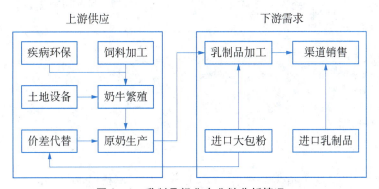

图 0-1　乳制品行业产业链分析情况

从乳制品行业的发展历程来看,我国乳制品行业经历了 3 个发展阶段。第一阶段为 1950～1996 年,是行业的起步期,发展相对缓慢,产品结构较为单一;第二阶段 1997～2007

年,为快速发展期,随着超高温瞬时处理(UHT)奶在全国范围内的推广,乳制品行业快速发展;第三个阶段为 2008 年后,经历了三聚氰胺事件对乳制品行业的冲击,我国乳制品行业进入了转型发展时期。政府出台多项政策加强乳制品行业的监管,提升行业门槛,产品品质持续提高,行业逐步走向规范化。

乳制品作为日常饮食中补充蛋白质和钙的重要来源,对人类健康和营养均衡具有重要的意义。产品的变迁大体可以分为 3 个阶段:

(1) 常温奶时期　1979~2005 年。常温奶的技术渗透带来了乳制品销售区域的突破。

(2) 风味奶时期　2005~2015 年。营销手段的丰富带来了乳制品种类上的丰富,扩大了乳制品的消费场景。

(3) 低温化时期　2015~2025 年。消费升级的背景下,大众对于健康的无限追求以及冷链技术的升级,双重共振带来的低温奶的春天。

目前,我国乳制品正处于低温化时期,随着新兴渠道的出现以及物流配送的升级,区域性小企业开始有所发展,加上消费者观念的逐渐升级,乳制品市场在低温化和健康化的趋势下优化产品结构。

三、行业供需规模保持平稳态势

近年来,我国乳制品行业发展迅猛,现阶段进入零和增长期,行业内的产量和价格共同驱动行业增长。国家统计局数据显示,2012~2018 年,我国乳制品产量整体呈波动态势。2018 年,为 2 687.1 万吨,同比下降 8.45%。截至 2019 年 8 月,为 234.7 万吨,同比增长 4.8%。累计方面,2019 年 1~8 月中国乳制品产量达到 1 792 万吨,同比增长 9.5%,如图 0-2 所示。

图 0-2　2012~2019 年前 8 月中国乳制品产量统计及增长情况

数据来源:前瞻产业研究院整理

2012~2018 年,我国乳制品销量变化趋势大体同产量变化趋势一致,均呈波动态势。2018 年,我国乳制品销量为 2 681.47 万吨,较上年同期下降 7.7%。2019 年上半年,我国乳制品销量为 1 295.04 万吨。结合我国乳制品行业的供给量和销量来看,行业的供需规模保持平稳态势,如图 0-3 所示。

图 0-3　2012~2019 上半年年中国乳制品销量统计及增长情况

数据来源:前瞻产业研究院整理

四、行业集中度高

我国乳制品行业竞争激烈,受奶源分布、产品物流配送和储存条件的限制,当前乳制品行业呈现少数全国性大企业与众多地方企业并存的竞争格局。国家统计局数据显示,2018 年我国乳制品销售收入为 2 851.36 亿元,同比减少 21.6%。但是,龙头企业的营业收入较 2017 都有所提升,其中,伊利股份和蒙牛乳业的营业收入高达 789.76 亿元和 689.77 亿元,分别同比增长 16.92% 和 228.68%。可以看出,我国乳制品的行业市场份额呈现向龙头企业集聚的现象,如图 0-4 所示。

伊利、蒙牛、光明位居中国乳制品企业前 3 名,合计市场份额高达 59.2%。可见,我国乳制品行业的集中度 CR3 处于较高水平,消费者品牌意识较强。

结合目前乳制品企业的发展周期以及行业集中度趋势来看,预计在未来的 5~10 年的发展中,国内乳制品生产企业的两极化现象将会比较严重,市场竞争力度将会加大,大型企业预计将仍保持较好增长,但是中小企业将面临复杂情况。

五、人均乳制品消费量与发达国家仍有差距

作为我国食品安全的代表性产业之一,乳制品行业在过去数十年间跌宕起伏。随着工

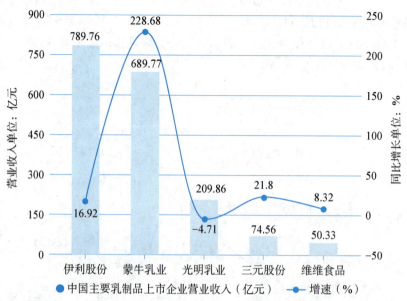

图 0-4 2018年中国主要乳制品上市企业营业收入统计及增长情况

数据来源：前瞻产业研究院整理

业化生产技术的进步和居民消费的持续升级，在国家政策清晰的扶持导向下，我国乳制品消费市场逐渐呈现多样化态势。

1. 人均乳制品消费量对标美日国家，尚有增长空间

现在市场上对于中国乳制品人均消费量是否见顶有两种看法。第一种是中国乳制品消费量已经见顶，理由是中国人的饮食差异以及乳糖不耐受，致使中国的人均乳制品消费量不会达到欧美或者世界平均水平；第二种观点是随着城镇化程度提高，中国的人均乳制品消费量会慢慢接近欧美国家。

Eurominitor 数据显示，2017 年中国人均乳制品消费量在 21.2 kg，如图 0-5 所示。与我们消费习惯相同的日本、韩国以及我国香港地区长时间则稳定在 34 kg 左右，近些年才有所下降。

《中国奶业质量报告 2017》中的数据显示，2011～2016 年，全国乳制品消费量为从 2 480.5 万吨增至 3 204.7 万吨，年平均增长 87.1 万吨。2016 年，全国人均乳制品折合生鲜乳消费量 36.1 kg，约为世界平均水平的 1/3。将进出口数据折算进去，我国的人均乳制品消费量大概在 22.88 kg。据行业统计，液态奶消费结构中，巴氏杀菌乳占 10%，超高温灭菌乳（又称常温奶，UHT 奶）占 40.6%，发酵乳占 21.3%，调制乳占 28.1%。

其实，中国与日韩的人均乳制品消费量乐观估计也就大概 50% 的空间了。考虑到我国的城乡差异，按照城市地区和农村地区拆分，一二线城市已经接近上述 3 个地区了。因此，未来人均乳制品消费量提升将主要由农村地区贡献，而一线城市乳制品更多的是产品升级。

2. 中国乳制品消费结构主要以液态奶为主

中国的乳制品消费结构与美国、亚洲以及中东地区的结构相差比较大，如图 0-6 所示，

图 0-5 2012～2018 年中国与日本、美国人均乳制品销售量对比

数据来源：前瞻产业研究院整理

主要以液态奶和奶粉为主，干酪消费量非常少。这是因为中国与其他国家的饮食习惯差别比较大。

图 0-6 中国与美国等国家地区乳制品消费结构比较

数据来源：前瞻产业研究院整理

如图 0-7 所示，中国的人均液态奶、酸奶产品的消费量已经接近日本和中国香港，但是在其他品类中，中国的乳制品消费量相对不足。结合中国上市乳制品年报数据，白奶目前的增速非常慢，未来的乳制品的主要增长点在干酪和其他乳制品品类。

3. 中年人群乳制品消费量最高

2018 年 6 个典型城市（呼和浩特、南京、哈尔滨、成都、武汉、西安）的调研数据如图 0-8 所示，不同年龄段的奶类消费呈现较大的差异。将不同的奶制品折算成原奶计算，26～35 岁这个年龄组奶类消费水平最高，人均年消费量达到近 52.92 kg，比更低年龄段和更高年龄段分别高出 18.5% 和 8.8%。2000 年国家开始启动学生奶饮用计划，而 26～35 岁这个年龄组在 2000 年时是 6～15 岁，正处于学生奶覆盖群体，国家学生奶饮用计划影响了这一年龄段人群的奶类消费。

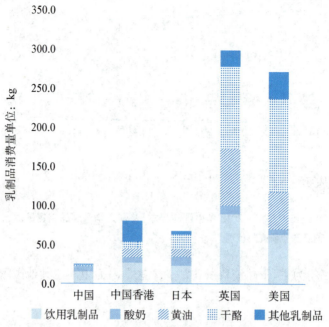

图0-7 中国与日本等国家地区乳制品消费结构比较

数据来源：前瞻产业研究院整理

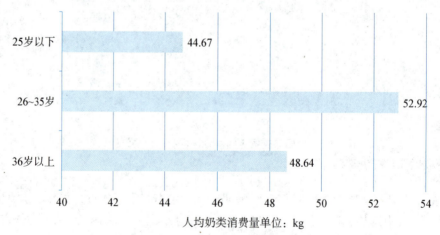

图0-8 2018年中国典型城市不同年龄群体人均奶类调研消费量

数据来源：前瞻产业研究院整理

模块一
乳制品加工基础知识

 **情景导入**

牛奶是大自然赋予人类最完善的营养食品,被称为白色血液,是补充蛋白质、氨基酸、维生素特别是钙质的最佳补品。人们对健康的日益重视,使得中国营养事业得以迅速发展。"一杯奶强盛一个民族"的认识,使得中国乳业发展尤为迅速。

《中国居民膳食指南》(2016版)提出,一天一杯奶,选择多种乳制品,达到300 g的鲜奶量。乳品在人们膳食结构中占有十分重要的位置,从"有奶喝"转为"喝好奶"的需求日益强烈。除了营养知识和营养意识、消费习惯、人均收入等因素之外,乳制品的质量是一个非常重要的因素。乳制品加工应该从乳制品加工从业人员到原材料质量,乃至整个生产环节控制等各方面下功夫,以确保最终产品的质量。本项目就从乳制品加工基础知识着手,带领同学们走进乳制品行业。

导学

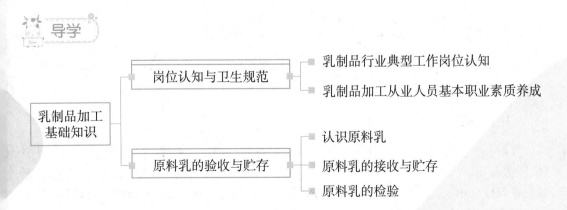

项目一
岗位认知与卫生规范

知识目标

1. 掌握乳制品行业的岗位要求。
2. 知道乳制品从业人员基本职业要求、健康要求。
3. 掌握乳制品从业人员个人及车间卫生规范。

技能目标

能正确完成更衣及洗手消毒。

任务1 乳制品行业典型工作岗位认知

任务描述

你对乳制品行业岗位了解多少？作为食品专业的学生，你如何理解"乳制品生产是一个良心的工作"的含义？

知识准备

乳制品企业常见的生产岗位有收奶工、杀菌工、发料工、配料工、发酵工、定位清洗（CIP）操作工、中控操作员（自动化控制工厂岗位）、灌装工、包装工、铲车工，品控岗位有现场质量保证（QA）、品质控制（QC）员及质检员，检验岗位有理化、微生物检验员，以及设备维修保养工等。

一、品保部过程质检员岗位职责

过程质检员主要监控过程质量,具体如下:
(1) 负责过程的监控、操作工操作规范性检查。
(2) 跟踪及沟通预处理的配料情况,杜绝不合格料液转序。
(3) 负责工艺参数及各仪表的观察、记录,核查监控的工艺参数是否符合工艺标准。
(4) 负责半成品理化指标的检查及品尝,确保半成品料液符合质量标准,合格转序。
(5) 负责检验计划执行,按照检验计划执行,确保检验不漏项。
(6) 跟踪后工段清洗排期完成情况及设备保养,按照清洗排期表监控,确保不漏项。
(7) 检查过程操作工包装产品的完好性,按照过程检包流程执行。
(8) 负责设备日护养和保养工作的检查,按照清洗标准操作规程执行。
(9) 跟踪预处理清洗排期完成情况及设备保养。
(10) 抽查预处理管路清洗效果及清洗要素,按照清洗标准操作规程执行。
(11) 核实包装工段的纸箱使用情况和喷码规范性及正确性。
(12) 配置过氧化氢(双氧水)和酒精,并检查过氧化氢(双氧水)和酒精的浓度。

二、乳品杀菌工岗位职责

杀菌工对负责的设备要做到四懂(懂原理、懂结构、懂用途、懂性能)、三会(会使用、会维护保养、会排除简单故障和更换简单零部件),要一专多能。
(1) 生产前仔细检查片式和管式热交换系统、蒸汽及冰水压力、电器控制箱、仪器仪表完好。
(2) 严格清洗与消毒设备,并确保转序正确。
(3) 每一产品生产前,先确认进料泵和换热器到待装罐之间的管路连接正确,做好消毒工作。
(4) 严格按工艺要求杀菌,杀菌温度、冷却温度、均质压力及换热器连续运转的最长时间应符合工艺要求。
(5) 及时采取样品送化验室检测,并及时为灌装工段供料。
(6) 在消毒或清洗的过程中,负责监控有关的工艺参数及消毒设备的运转状态并做好原始记录。
(7) 及时报修设备故障及电器故障,发现板片渗漏等紧急情况应及时上报。
(8) 做好设备和包干区的5S(整理、整顿、清扫、清洁、素养)工作,经检查后方可离开。
(9) 完成上级主管交代的临时性任务。

三、检验岗位理化、微生物检验员职责

检验岗位检验员应严格按照各项制度完成以下职责:
(1) 检查所辖现场的卫生、物品及设备摆放、物料管理、环境管理状况。
(2) 依据仪器操作规程维护仪器,检查能否正常运转。如不能正常运转,及时通知设备维护人员,保证检验的顺利进行。

（3）根据当日检验量，统计本岗位全天检验所需的药品用量，及时报给班长，统一领取，保证检验的顺利进行。

（4）及时接收样品，并负责检查送验单的填写情况，核对样品送验单和样品的一致性，核实所检测的项目与检验计划是否相符。

（5）严格按照检验方法、检验计划、质量标准和仪器操作规程，检测样品，保证检验结果的准确性。

（6）严格按照填写要求填写原始记录，经审核人确认。

（7）检验结束后，及时、准确地将化验结果录入软件共享。

（8）将不合格情况及时通知班长及处长，并跟踪样品，积累数据，做出分析。

（9）完成领导交办的临时性工作。

微生物检验员岗位职责，除以上各条外，还包括严格按要求对工作环境灭菌（消毒）；负责出具结果时计数的准确性；按不同的检测项目，正确选择培养基、培养温度。

四、检验岗位质检员职责

（1）负责工作现场清理、工艺器具摆放、未处理问题的交接工作。

（2）淘汰存在严重质量问题及严重管理漏洞的奶站。

（3）负责本部检验计划、质量标准执行情况的监督检查。

（4）负责原辅料接收过程的监督检查。

（5）负责产品出库，开展批检工作。

（6）负责保温室的监控及检验计划的执行监督检查。

（7）负责产品防护的检查、承运车辆条件的审核、装卸过程的监督。

（8）负责各岗位的数据汇总及报告的出具。

（9）负责及时准确出具检查结果并上报突发事件。

五、检验岗位设备维护员职责

（1）负责检查所管辖现场的卫生、物品及设备摆放、环境管理。

（2）负责化验室所辖仪器、设备的维护与维修，保证检验的顺利进行和结果的准确性、再现性。

（3）监督化验员正规使用仪器和日常维护，避免出现违规操作。

（4）负责监督调节仪器，保证仪器的精密度和灵敏度，保证检验结果的准确性。

（5）定期校准仪器，负责精密仪器的外部送检。

（6）负责所辖工厂和OEC化验室设备和保养记录的准确性。

（7）负责所辖固定资产和易耗品的清点工作。

（8）负责本岗位各种数据的汇总上报。

（9）完成领导交办的临时性工作。

案例分析　2011年3月生产旺季，某小型乳制品公司从河北某地紧急招聘54名员工。

2011年下半年,违反公司管理规定和卫生操作规程的事件就涉及该批员工37人,另有10人离职。你认为该公司管理可能存在什么问题?

新闻摘录 2012年6月底,某乳业工厂陷入"烧碱门":6月26日上市950 mL装鲜牛奶产品少量渗入碱性清洗液体事件。

6月25日,在常规的设备维护保养时,因自动阀切换延迟,导致管道内清洗用食品级碱水渗入流水线上的鲜牛奶中。经政府相关检测部门对回收产品进了检验,确认了渗入液体产品发生在17:10~17:45的时间段内,涉及的问题产品约300盒,其他时间段的产品没有问题。随后,工厂下架召回该批次牛奶,并声明确保此后生产的产品没有任何问题。工厂检查了所有管路的阀门,已确保相关设备均处于正常状态;在产品管路上增加了泄压装置,杜绝此类现象再次发生;对该厂厂长做出了免职处分。质检部门已组织专家作危害性评估。

1. 分小组讨论以下问题:
谈谈你对这种现象的看法;试述食品企业员工岗位责任心的重要性。
2. 按小组模拟不同岗位,讨论乳制品生产的特殊要求有哪些。

任务评价

项目	知识	技能	态度
评价内容	本任务你主要学习了哪些知识?你最感兴趣的是哪一个知识点?	在该任务的学习中,你获得了哪些技能?你还有哪些困惑?	本任务所学对你有所助益或启发吗?你觉得如何才能将理论运用于实践?
评分: ☆零散掌握 ☆☆部分掌握 ☆☆☆扎实掌握	□☆ □☆☆ □☆☆☆	□☆ □☆☆ □☆☆☆	□☆ □☆☆ □☆☆☆

能力拓展

请在教师的带领下对乳制品工厂各职能部门进行岗位调查,填写表1-1。

表1-1 岗位调查表

职能部门	主要岗位名称	岗位职责

知识链接

国际牛奶日与世界牛奶日

国际牛奶日英文名为 International Milk Day,是由德国的一个促进牛奶消费者协会于20世纪50年代提出的,1961年被国际牛奶业联合会采纳,是一个国际性的牛奶宣传活动。活动日设定在每年5月份的第三个星期二,主要目的是通过多种形式增进牛奶生产企业与消费者的相互了解,宣传牛奶的营养价值和对人体的重要性。

联合国粮农组织于2000年又将国际活动日改为每年的6月1日,同时将名称改为"世界牛奶日"。但是,这两个日期都有国家选用。

提示 如果你将来入职乳制品企业,应熟悉并严格履行所在岗位职责,把食品安全作为第一责任。

知识与技能训练

1. 知识训练

(1) 简述过程质检员与检验岗位质检员岗位的区别。

(2) 简述杀菌工岗位的作用。

2. 技能训练

请在所学知识的基础上,模拟各岗位员工,进行角色扮演。

任务2　乳制品加工从业人员基本职业素质养成

任务描述

乳制品加工从业人员应该具备哪些职业素养?本任务学习乳制品相关法律法规,培养守法意识;通过乳制品从业人员卫生意识和卫生操作的培养,掌握乳制品生产卫生操作的基本做法。

知识准备

一、乳品生产相关的法律法规

1. 乳品质量安全监督管理条例(中华人民共和国国务院令第536号)

2008年10月6日国务院第28次常务会议通过《乳制品质量安全监督管理条例》,自公布之日起施行,学习索引见表1-2。

二维码01

表1-2 乳品质量安全监督管理条例

章节	标题	学习索引
第一章	总则	1. 目的
		2. 术语定义
		3. 监管部门分工和职责
		4. 协会的义务
第二章	奶畜养殖	1. 奶畜养殖场、养殖小区应当具备的条件
		2. 食品安全风险监测和评估开展工作的职责和权限
第三章	生鲜乳收购	1. 食品安全标准的目的和要求
		2. 食品安全标准的内容
		3. 食品安全标准的归口部门
		4. 食品安全标准与食品卫生标准、食品质量标准等的区别与不同点
		5. 食品安全地方标准和企业标准制定
第四章	乳制品生产	1. 食品生产经营应当符合食品安全标准及必须符合的要求
		2. 禁止生产经营的食品
		3. 国家对食品生产经营实行许可制度
		4. 食品生产经营监管分工
		5. 食品生产经营必须建立食品安全管理制度
		6. 食品生产企业应当建立食品原料、食品添加剂、食品相关产品进货查验记录制度
		7. 食品生产企业应当建立食品出厂检验记录制度
		8. 预包装食品的包装上标签内容
		9. 国家对食品添加剂的生产实行许可制度
		10. 食品添加剂的使用原则
		11. 保健食品的要求
		12. 国家建立食品召回制度
		13. 食品广告要求
第五章	乳制品销售	1. 食品检验机构资质的取得
		2. 食品检验实行食品检验机构与检验人负责制
		3. 食品安全监督管理部门对食品不得实施免检

（续表）

章节	标题	学习索引
第六章	监督检查	1. 进出口食品执行的标准
		2. 进出口食品主管部门和程序
		3. 进口的预包装食品应当有中文标签、中文说明书
		4. 进口商应当建立食品进口和销售记录制度
第七章	法律责任	1. 食品安全事故主管部门的责任
		2. 食品安全事故发生后企业的责任
第八章	附则	1. 分段监督管理
		2. 食品安全信息统一公布制度
		3. 食品安全事故报告制度

二维码02

2. 食品生产许可管理办法（国家市场监督管理总局令第24号）

2019年12月23日经国家市场监督管理总局2019年第18次局务会议审议通过，自2020年3月1日起施行，见表1-3。

表1-3 食品生产许可管理办法目录

章		条	要点
第一章	总则	1~9	在中华人民共和国境内，从事食品生产活动，应当依法取得食品生产许可；食品生产许可的申请、受理、审查、决定及其监督检查，适用本办法
第二章	申请与受理	10~20	申请食品生产许可，应当按照规定食品类别提出
第三章	审查与决定	21~27	县级以上地方市场监督管理部门应当对申请人提交的申请材料进行审查与决定
第四章	许可证管理	28~31	食品生产许可证载明规定、SC编号规定及保管规定
第五章	变更、延续与注销	32~42	在食品生产许可证有效期内，向原发证的市场监督管理部门提出变更申请
第六章	监督检查	43~48	县级以上地方市场监督管理部门应当依据法律法规规定的职责，对食品生产者的许可事项进行监督检查
第七章	法律责任	49~55	由县级以上地方市场监督管理部门依照《中华人民共和国食品安全法》的规定实施
第八章	附则	56~61	

3. 企业生产乳制品许可条件审查细则（2010版）

见表1-4。

二维码03

表 1-4　企业生产乳制品许可条件审查细则(2010 版)

章节	标题	学 习 索 引
一	适用范围	乳制品的分类
		申证单元
二	生产许可条件审查	(一) 管理制度审查
		(二) 场所核查
		(三) 设备核资
		(四) 基本设备布局、工艺流程及记录系统核查
		(五) 人员核查
三	生产许可检验	(一) 抽样和封样
		(二) 检验项目
四	其他要求	附件 1　乳制品生产企业应当执行标准明细表
		附件 2　乳制品生产企业检验项目表

二、乳制品从业人员职业素养

1. 什么是职业素养

职业素养是个很大的概念。专业是第一位的,但是除了专业,敬业精神和职业道德是必备的条件。体现到职场上就是职业素养;体现在生活中的就是个人素质或者道德修养。

职业素养是人类在社会活动中需要遵守的行为规范。个体行为的总和构成了自身的职业素养,职业素养是内涵,个体行为是外在表象。所以,职业素养是一个人职业生涯成败的关键因素。职业素养经量化而成职商(career quotient,CQ),也可以说,一生成败看职商。

2. 职业素养的内容

职业素养包含以下 3 个方面。

(1) 职业道德和职业思想　良好的职业道德,正面积极的职业心态和正确的职业价值观意识,爱岗、敬业、忠诚、奉献、正面、乐观、用心、开放、合作及始终如一的职业信念,是一个成功职业人必须具备的核心素养。

(2) 职业行为习惯　这是在职场上通过长时间地学习、改变、形成,最后成为习惯的一种职场综合素质。

这 2 项是职业素养中的根基部分,属世界观、价值观、人生观的范畴。从出生到退休或至死亡逐步形成,逐渐完善。最后一项职业技能是支撑职业人生的表象内容。在衡量一个人的时候,企业通常将二者以 6.5∶3.5 比例划分。

(3) 职业技能　这是从事一个职业应该具备的专业知识和能力,通过学习、培训比较容易获得。例如,计算机、英语、建筑等属职业技能范畴,可以通过 3 年左右的时间掌握入门技术,在实践运用中日渐成熟而成专家。当然,还包括很多需要修炼的基本技能,如职场礼仪、时间管理及情绪管控等。企业更认同的是,如果一个人基本的职业素养不够,比如说忠诚度不够,那么技能越高的人,其隐含的危险越大。

当然,做好本职工作,也就是具备了最好的职业素养。所以,用大树理论来描述两者的关系比较直观。每个人都像一棵树,原本都可以成为大树,而根系就是一个人的职业素养。枝、干、叶、形就是其显现出来的职业素养的表象。要想枝繁叶茂,首先必须根系发达。

从事乳制品生产的人员,除了具有通用的职业素养外,还应该怀着对乳品业的敬仰和对广大消费者的满腔热忱。

三、乳品企业员工应知卫生规范

(一)奶牛场卫生规范 GB 16568

GB 16568 奶牛场卫生规范的全部技术内容为强制性,适用于所有奶牛饲养场及其饲养的奶牛。其中规定了奶牛场的环境与设施、动物卫生条件、奶牛引进要求、饲养卫生、饲养管理、工作人员的健康与卫生、挤奶卫生、鲜奶盛装、贮藏及运输的卫生、免疫与消毒和监测、净化的要求。

二维码05

(二)乳制品良好生产规范 GB 12693

《食品安全国家标准　乳制品良好生产规范》(GB 12693 - 2010)代替《乳制品企业良好生产规范》(GB 12693 - 2003)和《乳粉卫生操作规范》(GB/T 21692 - 2008),适用于以牛乳(或羊乳)及其加工制品等为主要原料加工各类乳制品的生产企业。

主要变化是:调整了适用范围,强调了适用于各类乳制品企业;修改了标准条款框架;强调了在原料进厂、生产过程的食品安全控制、产品的运输和贮存整个生产过程中防止污染的要求;调整了生产设备,从防止微生物、化学、物理污染的角度对生产设备提出了布局、材质和设计要求;取消了实验室建设中的硬件要求;增加了原料采购、验收、运输和贮存要求;强调了生产过程的食品安全控制,并制定了控制微生物、化学、物理污染的主要措施等。

(三)乳品企业员工卫生规范

1. 入车间前的注意事项

(1)健康检查　食品生产经营者应当建立并执行从业人员健康管理制度。患有痢疾、伤寒、病毒性肝炎等消化道传染病的人员,以及患有活动性肺结核、化脓性或者渗出性皮肤病等有碍食品安全的疾病的人员,不得从事接触直接入口食品的工作。

食品生产经营人员每年应当检查健康,取得健康证明后方可参加工作。当身体不适时,如有感冒、咳嗽、呕吐、腹泻等症状时,要向车间负责人报告,并根据负责人的指示行事。当手部受伤时要马上汇报车间负责人,处理相应的产品和机械、工器具,并根据情况决定是否继续工作。

(2)个人卫生管理

① 要注意身体的清洁卫生,勤洗澡,勤理发,勤剪指甲,勤换衣服和被褥。

② 不要把个人的物品带进车间,工作时不要佩戴手表、项链、饰针和其他的装饰品,不得化妆。

③ 上班前严禁喝酒,严禁在车间或更衣室吸烟、饮食,或做其他有碍食品卫生安全的活动。

④ 在车间内(包括车间周围)严禁吐痰、对着食品或食品接触面打喷嚏或咳嗽。

⑤ 不得穿工作服、鞋外出车间、如厕等。

⑥ 如厕严格按照规定的程序：换下工作服、鞋→换如厕拖鞋→如厕→洗手消毒→换工作服。

⑦ 遵守《食品安全国家标准　乳制品良好生产规范》(GB 12693-2010)第7.4.2条：乳制品加工人员应保持良好的个人卫生；进入生产车间前，应穿戴好整洁的工作服、工作帽、工作鞋(靴)。工作服应盖住外衣，头发不应露出帽外，必要时需戴口罩；不应穿清洁作业区、准清洁作业区的工作服、工作鞋(靴)进入厕所，离开生产加工场所或跨区域作业；上岗前、如厕后、接触可能污染食品的物品后或从事与生产无关的其他活动后，应洗手消毒。生产加工、操作过程中应保持手部清洁；乳制品加工人员不应涂指甲油，不应使用香水，不应佩戴手表及饰物；工作场所严禁吸烟、吃食物或进行其他有碍食品卫生的活动；个人衣物应贮存在更衣室个人专用的更衣柜内，个人用其他物品不应带入生产车间。

(3) 工作服的管理

① 进入车间要穿着干净的工作服，不同岗位(生产、机修)、不同的工作区域(清洁区、准清洁区、一般区域)穿着不同颜色和样式的工作服。

② 更衣室内工作服和便服分开放置。脏的工作服和干净的工作服分开放置。

③ 脏的工作服要送到指定的场所洗涤，穿戴前要消毒。

④ 要按照指定的方法佩戴工作帽、口罩和工作服、工作鞋。

⑤ 工作鞋要保持清洁，并放在更衣室中。

⑥ 入车间前洗手，工作鞋在200 mg/kg次氯酸钠液中浸泡消毒。

更衣流程如图1-1所示。

图1-1　操作人员更衣流程

（4）洗手消毒

① 洗手消毒时机：入车间前、食品处理工作开始时、去卫生间后、工作期间定时洗手消毒，在处理食品原料或其他任何被污染的材料后洗手消毒。此时若不及时洗手，可能污染其他食品。

② 洗手消毒程序，如图 1-2 所示。

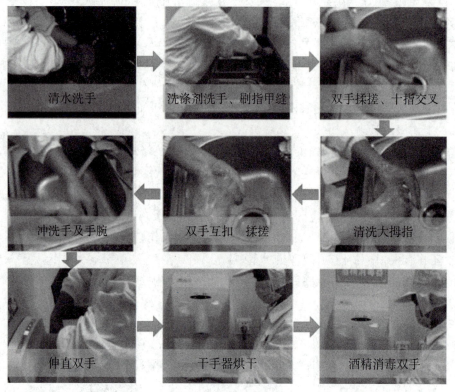

图 1-2 洗手消毒程序

2. **工作中的注意事项**

① 充分了解污染区和非污染区的区别。

② 若设备、工器具受到污染，要清洗消毒处理后才能继续使用。

③ 工作中要按规定的程序如厕。

④ 当手接触了头发、鼻子或其他污染源后，不应该继续从事直接入口食品相关工作。

⑤ 按规定的时间定时对工器具清洗消毒，并洗手消毒。

⑥ 不用工作服擦手。

3. **完工后的注意事项**

① 洗涤处理不干净的工作服。

② 洗净和干燥处理不干净的靴子。

③ 更衣室保持清洁。

④ 车间、更衣室空气臭氧杀菌。

任务实施

分小组研读乳品生产相关的法律法规,分析案例,回答问题。

案例分析 中国奶制品污染事件

二维码06

2008年9月8日,甘肃岷县14名婴儿确诊患有肾结石病症,引起外界关注。至2008年9月11日甘肃全省共发现59例肾结石患儿,部分患儿已发展为肾功能不全,死亡1人。这些婴儿均食用了三鹿18元左右价位的奶粉。多省相继发生类似事件,卫生部高度怀疑三鹿牌婴幼儿配方奶粉受到三聚氰胺污染。三聚氰胺是一种化工原料,可以提高蛋白质检测值,长期摄入会导致人体泌尿系统膀胱、肾结石,并可诱发膀胱癌。

2008年9月13日,中国国务院启动国家安全事故Ⅰ级响应机制(Ⅰ级为最高级,即特别重大食品安全事故)处置三鹿奶粉污染事件,免费救治患病婴幼儿,所需费用由财政承担。有关部门对三鹿婴幼儿奶粉生产和奶牛养殖、原料奶收购、乳品加工等各环节开展检查。质检总局负责会同有关部门对市场上所有婴幼儿奶粉进行了全面检验检查。石家庄官方初步认定,三鹿"问题奶粉"为不法分子在原奶收购中添加三聚氰胺所致。

2009年1月22日,河北省石家庄市中级人民法院一审宣判,三鹿前董事长田文华被判处无期徒刑,三鹿集团高层管理人员王玉良、杭志奇、吴聚生则分别被判有期徒刑15年、8年及5年。三鹿集团作为单位被告,犯了生产、销售伪劣产品罪,被判处罚款人民币4 937余万元。涉嫌制造和销售含三聚氰胺的奶农张玉军、高俊杰及耿金平三人被判处死刑,薛建忠为无期徒刑,张彦军为有期徒刑15年,耿金珠为有期徒刑8年,萧玉为有期徒刑5年。

"三聚氰胺"事件是中国奶粉乃至中国乳业发展史上的转折点,改写了此后整个中国奶牛养殖模式、牛乳检测标准,也加速了奶粉配方注册制的诞生,导致供应链上游奶农与奶企的矛盾加剧、奶粉行业迅速洗牌。

问题

1. 试分析三鹿事件产生的原因。
2. 食品企业应该如何按法律法规进行生产活动?
3. 哪些乳制品应执行三聚氰胺检验项目?
4. 乳制品的申证单元有哪些?包括哪些产品类别?
5. 每组讨论观察不同乳制品包装上内容后,说出对应产品SC编号的含义。

任务评价

项目	知识	技能	态度
评价内容	本任务你主要学习了哪些知识?你最感兴趣的是哪一个知识点?	在该任务的学习中,你获得了哪些技能?你还有哪些困惑?	本任务所学对你有所助益或启发吗?你觉得如何才能将理论运用于实践?

（续表）

项目	知识	技能	态度
评分： ☆零散掌握 ☆☆部分掌握 ☆☆☆扎实掌握	□☆ □☆☆ □☆☆☆	□☆ □☆☆ □☆☆☆	□☆ □☆☆ □☆☆☆

能力拓展

请阅读《食品安全国家标准　乳制品良好操作规范》(GB 12693－2010)，在所学知识基础上进一步了解在乳制品加工过程中如何按要求规范操作。

知识链接

学生饮用奶计划

国家"学生饮用奶计划"是由原农业部等7个部门联合启动实施，是以改善中小学生营养状况、促进中小学生发育成长、提高中小学生健康水平为目的，在全国中小学校实施的学生营养改善专项计划。

学生饮用奶指经中国奶业协会许可的使用中国学生饮用奶标志的、专供中小学生在校饮用的牛奶制品，应符合"安全、营养、方便、价廉"的基本要求。产品包装上必须印制中国学生饮用奶标志。学生饮用奶直供中小学校，不准在市场销售。

图1-3　学生饮用奶专用标志

现阶段推广以生牛乳为原料加工，不使用、不添加复原乳及营养强化剂的超高温灭菌乳，和以生牛乳为主要原料加工，不使用、不添加复原乳及营养强化剂的灭菌调制乳。采用无菌包装材料包装，单件净含量规格为125、200、250 mL。

中国学生饮用奶标志由示意奶滴上的"学"字图案、"中国学生饮用奶"和"SCHOOL MILK OF CHINA"中英文字体以及红绿白3种颜色组成，如图1-3所示。

中国学生饮用奶标志是经原学生饮用奶计划部际协调小组审定、农业部公布，用以标识在学校推广的学生饮用奶的专用标志。中国奶业协会是中国学生饮用奶标志的所有者，依法在国家版权局登记，拥有标志的许可使用权。

知识与技能训练

1. 知识训练

① 与乳品生产相关的法律法规有哪些？
② 乳制品生产从业人员应该具备的职业素养有哪些？
③ 乳品企业员工应知卫生规范有哪些？

2. 技能训练

① 更衣流程训练。

② 洗手消毒操作。

③ 回答问题：整个操作过程中应注意哪些环节，入车间流程、洗手消毒流程有哪些，工作服如何管理，个人卫生如何管理，何时应该洗手消毒？

项目二
原料乳的验收与预处理

知识目标

1. 掌握原料乳的基础知识。
2. 能叙述原料乳的验收过程。
3. 知道原料乳的接收过程,了解相应设备。

技能目标

1. 学会原料乳验收中的各项检验工作,并能够做出正确的判断。
2. 能独立完成原料乳的感官检验、理化检验、掺假检验、抗生素检验。

任务1 认识原料乳

任务描述

原料乳又称为鲜奶或生奶,指从乳牛的乳房中分泌的新鲜乳汁,未经杀(灭)菌,作为乳品加工的原料。

乳是我们出生最初阶段的唯一食物。乳中的物质既提供能量,又提供了生长所需的基础营养。乳中还含有保护幼小动物免受感染的多种抗体。

那么,乳究竟有哪些营养成分呢?

一、乳的概念和组成

乳是哺乳动物分娩后，从乳腺中分泌的一种白色或稍带微黄色的、不透明的、均一的、具有胶体特性的液体，无添加物且未从其中提取任何成分。它含有幼儿生长发育所需要的全部营养成分，是哺乳动物出生后最合适的且易于消化吸收的完全食品。通常所说的乳是指牛乳，另外还有羊乳、马乳、驼乳及鹿乳等。

乳的成分十分复杂，是多种物质组成的混合物，至少含有上百种化学成分，主要包括水分、脂肪、蛋白质、乳糖、盐类，以及维生素、酶类、气体等。其中，水是分散剂，其他各种成分呈分散质分散在乳中，形成一种复杂的分散体系。乳中所含的主要成分见表1-5。

表1-5 乳中各种主要成分的含量　　　　单位：%（质量分数）

主要成分	变化范围	平均含量
水	85.5～89.5%	87.5
干物质	10.5～14.5	13.0
非脂干物质	8.0～8.5	9.1
乳脂肪	2.5～6.0	3.9
乳蛋白质	2.9～5.0	3.4
乳糖	3.6～5.5	4.8
矿物质	0.6～0.9	0.8

二、乳的分类

乳分为初乳、末乳、常乳、异常乳等。

1. 常乳

健康牛挤出的新鲜乳。

2. 初乳

产犊后7天内的乳，色黄、浓厚、干物质多，尤其是热不稳定的乳清蛋白（球蛋白、白蛋白）含量高，盐浓度高，乳糖含量低。初乳含丰富的VA、VD以及免疫球蛋白。

3. 末乳

干奶期前2周的乳，干物质含量高（除脂肪），味苦，浓，微咸，含脂酶多。

4. 异常乳

当乳牛受到饲养管理、疾病、气温以及其他各种因素（包括人工造假）的影响时，乳的成分和性质往往发生变化，这种乳称作异常乳。异常乳的成分、性质与常乳不同。广义上讲，凡不适于饮用和生产乳制品的乳都属于异常乳。异常乳的表现,见表1-6。

表1-6 异常乳的评价标准

特征	原因
颜色不正	浅:掺水;有血丝:牛有病
有悬浮物或沉淀	掺了米汤等淀粉物
有杂质	掺碱、盐、糖等或者是不卫生
口感异味	甜:加糖;咸:加盐或牛不健康;涩:加碱或苏打;豆腥味:豆浆;腐败味:变质
不挂杯	酸度高或者掺水
气味异常	酸臭味:变质腐败
无异常	酒精阳性乳

（1）生理异常乳　包括营养不良乳、初乳、末乳。

（2）成分异常乳（化学异常乳）　包括酒精阳性乳、高酸度乳、低成分乳（干物质含量过低）、混入杂质和风味异常乳等。

（3）微生物污染乳　由于挤乳前后的污染、不及时冷却、器具的洗涤及杀菌不完全等原因,鲜乳被大量微生物污染后形成的异常乳。

（4）病理异常乳　乳房炎乳等其他病牛乳。

三、乳的理化性状

牛乳为胶体溶液。其中,乳糖和一部分可溶性盐类可形成真正的溶液;而蛋白质则与不溶性盐类形成胶体悬浮液,脂肪则形成乳浊液状态的胶体性液体,水分作为分散介质,构成均匀稳定的悬浮状态和乳浊状态的胶体溶液。

（一）色泽

新鲜牛乳之所以是乳白色或稍带黄色的不透明液体,是因为其成分对光的反射和折射。牛乳中的脂溶性胡萝卜素和叶黄素使乳略带淡黄色,而水溶性的核黄素使乳清呈荧光性黄绿色。

（二）滋味和气味

新鲜纯净的乳稍有甜味。正常的鲜乳具有特殊香味。这种香味随温度的高低而异,加热后香味更浓厚,冷却后减弱。由于乳中含有挥发性脂肪酸和其他挥发性物质,乳的气味受外界因素影响较大,应注意环境卫生。

（三）酸度和pH值

1. 酸度

刚挤出的新鲜乳的酸度为0.15%~0.18%（12~18°T）。乳在微生物的作用下发生乳酸发酵,导致乳的酸度逐渐升高,这部分酸度称为发酵酸度。固有酸度（自然酸度）和发酵酸度（发生酸度）之和称为总酸度。一般条件下,乳品工业所测定的酸度就是总酸度。

在乳品工业中,酸度是指以标准碱液用滴定法测定的滴定酸度。滴定酸度可以及时反映乳酸产生的程度,因此生产中广泛采用测定滴定酸度来间接掌握乳的新鲜度。我国滴定酸度用吉尔涅尔度(°T)或乳酸度(乳酸%)来表示。

(1) 吉尔涅尔度 也称为滴定酸度,是以中和 100 mL 乳中的酸所消耗的 0.1 mol/L 氢氧化钠的毫升数来表示。消耗 0.1 mol/L 氢氧化钠 1 mL 为 1°T,即消耗 0.1 mg 当量氢氧化钠为 1°T。测定时取 10 mL 乳样,用 20 mL 蒸馏水稀释,加入 0.5% 的酚酞指示剂 0.5 mL,摇匀,用 0.1 mol/L 氢氧化钠溶液滴定至微红色,并在 1 min 内不消失为止,将所消耗的氢氧化钠毫升数乘以 10,即为乳样的吉尔涅尔度:

$$吉尔涅尔度(°T) = \frac{(V_1 - V_0) \times c}{0.1} \times 10,$$

式中,V_0 为滴定初读数,mL;V_1 为滴定终读数,mL;c 为滴定后的氢氧化钠溶液的浓度,mol/L;0.1 指 0.1 mol/L 氢氧化钠溶液。

(2) 乳酸度 按上述方法测定后,用下列公式计算:

$$乳酸(\%) = \frac{0.1 \text{ mol/L NaOH 体积(mL)} \times 0.009}{测定乳样的重量(g)} \times 100\%$$

$$= 吉尔涅尔度(°T) \times 0.009。$$

2. pH 值

正常乳的 pH 值为 6.5~6.7,一般酸败乳或初乳的 pH 值在 6.4 以下,乳房炎乳或低酸度乳 pH 值在 6.8 以上。由于牛乳是缓冲体系,因此测定 pH 值与滴定酸度之间没有关系。pH 值反映的是乳的表观酸度。

酸度是牛乳新鲜度和稳定性的重要指标,乳的总酸度对乳品的加工和乳的卫生检验都具有一定的意义。乳酸度越高,乳对热的稳定性就越低,还会降低乳粉的保存性和溶解度,同时对其他乳制品的品质也有一定的影响。

(四) 相对密度

乳的密度是指一定温度下单位体积的质量。乳的密度受多种因素的影响,如乳的温度、脂肪含量、无脂干物质含量、挤出的时间及是否掺假等,也因牛的品种不同而有所差异。GB 19301 食品安全国家标准 生乳中规定,在 20℃下,乳的相对密度≥1.027。相对密度受温度影响,温度每升高或降低 1℃实测值就减少或增加 0.0002。

乳中的非脂干物质相对密度比水大,所以乳中的非脂类干物质愈多,相对密度愈大。初乳的相对密度为 1.038。乳中加水时相对密度降低。

乳的相对密度在挤乳后 1 h 内最低,其后逐渐上升,最后可大约升高 0.001。这是由于气体的逸散、蛋白质的水合作用及脂肪的凝固使容积发生变化的结果。故不宜在挤乳后立即测试比重。

在乳中掺固形物,往往使乳的相对密度提高,这是一些掺假者的主要目的;而掺水则乳的相对密度下降。因而,在乳的验收时,测定乳的相对密度判断原料乳是否掺水。

(五) 冰点和沸点

牛乳的冰点是检测是否掺水的唯一可信的参数。牛乳的冰点一般为 -0.525~

-0.565℃,平均为-0.540℃。牛乳中的乳糖和盐类是导致冰点下降的主要因素。正常牛乳的乳糖及盐类的含量变化很小,所以冰点很稳定。在乳中掺水会使乳的冰点升高;酸败牛乳的冰点会降低。所以,测定冰点时要求牛乳的酸度必须在 20℃T 以内。

牛乳的沸点在 101.33 kPa(1 个大气压)下为 100.55℃,受其固形物含量影响。浓缩到原体积一半时,沸点上升到 101.05℃。

四、乳中的主要微生物

从健康的乳房中分泌出来时,牛乳实际上是无菌的。但是,由于乳头通道可能进入细菌、乳房发炎,加上在挤乳和处理过程中外界的微生物不断侵入,牛乳很容易受到各种微生物,主要是细菌的污染。污染的程度和细菌群体的组成取决于母牛生活环境的清洁程度和牛乳接触的容器表面的清洁程度。

1. 细菌

在室温或室温以上温度,牛乳中的细菌大量增殖。根据其对牛乳作用所产生的变化可分为以下 9 种。

(1) 产酸菌 主要为乳酸菌,指能分解乳糖产生乳酸的细菌,主要有乳球菌科,包括链球菌属、明串珠菌属和乳杆菌属。乳酸菌在乳品工业中发挥着重要的作用,如用于发酵乳生产的嗜热乳链球菌、保加利亚乳杆菌、双歧杆菌等。

(2) 产气菌 这类菌在牛乳中生长时能生成酸和气体,例如大肠杆菌和产气杆菌。产气杆菌能在低温下增殖,是使牛乳低温贮藏时变酸败的一种重要菌种。在干酪生产中,大肠杆菌产生的大量气体使成熟的干酪带有一种讨厌的味道。丙酸菌发酵乳酸盐生成丙酸、二氧化碳和其他产物。用丙酸菌生产干酪时,可使产品具有气孔和特有的风味。

(3) 肠道杆菌 一群寄生在肠道的革兰氏阴性短杆菌,是评定乳制品污染程度的指标之一。其中,主要的有大肠菌群和沙门氏菌族。

(4) 芽孢杆菌 因能形成耐热性芽孢,故杀菌处理后,仍残存在乳中。

(5) 球菌类 一般能产生色素,如牛乳中常出现的微球菌属和葡萄球菌属。

(6) 低温菌 凡在 0~20℃下能够生长的细菌统称为低温菌。乳品中常见的低温菌属有假单胞菌属和醋酸杆菌属,能使乳中蛋白质分解引起牛乳陈化,分解脂肪使牛乳产生哈喇味,引起乳制品腐败变质。

(7) 高温菌和耐热性细菌 高温菌或嗜热性细菌是指在 40℃以上能正常发育的菌群,如乳酸菌中的嗜热链球菌、保加利亚乳杆菌、好气性芽孢菌(如嗜热脂肪芽孢杆菌)和放线菌(如干酪链霉菌)等。特别是嗜热脂肪芽孢杆菌,最适发育温度为 60~70℃。耐热性细菌在生产上系指低温条件下还能生存的细菌,用超高温杀菌时(135℃,数秒),上述细菌及其芽孢都能被杀死。

(8) 蛋白质分解菌和脂肪分解菌 蛋白质分解菌指能产生蛋白酶而将蛋白质分解的菌群。生产发酵乳品时产生的大部分乳酸菌能使乳中蛋白质分解,这部分细菌属于有益菌;也有属于腐败性的蛋白分解菌,能使蛋白质分解形成氨和胺类,可使牛乳产生黏性、碱性。脂肪分解菌系指能使甘油酸酯分解生成甘油和脂肪酸的菌群。脂肪分解菌中,除一部分在干酪生产方面有用外,一般都是使牛乳和乳制品变质的细菌,尤其对稀奶油和奶油危害更大。因此,牛乳中如有脂肪分解菌,即使冷却或加热杀菌,也往往带有脂肪分解味。

(9) 放线菌　与乳品有关的有分枝杆菌科的分枝杆菌属、放线菌科的放线菌属、链霉科的链霉菌属。

2. 酵母菌

乳与乳制品中常见的酵母有脆壁酵母、膜宅毕赤酵母、汉逊酵母和圆酵母属及假丝酵母属等。从乳品业的观点来看,酵母菌多属于有害的微生物(有一种例外,俄国发酵乳制品是用一种由不同酵母和乳酸菌混合而成的发酵剂发酵而得),因其能造成干酪和奶油的缺陷。但是,酵母是生产牛乳酒、马乳酒不可缺少的微生物。

3. 霉菌

霉菌由多细胞的丝状真菌组成。一般的巴氏杀菌 72～75℃,保持 10～15 s,霉菌就会死亡,所以这些有害有机体的存在是二次污染的一个指标。霉菌有很多不同的属,对乳制品生产重要的主要有青霉菌属、乳霉菌白地霉霉属、毛霉及根霉属等,如生产蓝纹干酪、卡门塔尔干酪、罗奎福特干酪等时需要依靠的霉菌。

4. 噬菌体

噬菌体是侵入微生物中的病毒的总称,故也称为细菌病毒。它只能生长于宿主菌内,并在宿主菌内裂殖,导致宿主的破裂。乳品发酵剂受噬菌体污染后,就会导致发酵的失败,是干酪、酸乳生产中必须注意的问题。

任务实施

1. 分小组研读食品安全国家标准 GB 19301,了解生乳的感官要求、理化指标、微生物限量。
2. 讨论乳及乳制品卫生检验的意义。

二维码10

任务评价

项目	知识	技能	态度
评价内容	本任务你主要学习了哪些知识?你最感兴趣的是哪一个知识点?	在该任务的学习中,你获得了哪些技能?你还有哪些困惑?	本任务所学对你有所助益或启发吗?你觉得如何才能将理论运用于实践?
评分: ☆零散掌握 ☆☆部分掌握 ☆☆☆扎实掌握	□☆ □☆☆ □☆☆☆	□☆ □☆☆ □☆☆☆	□☆ □☆☆ □☆☆☆

认识牧场

县、乡集体及个人饲养奶牛,生产分散,通常在其中心地带设收奶站。原料乳除了从奶站收集送往乳品厂外,还有大量的集中、规模化的现代化管理养殖牧场,这里的原料乳跟奶站同样都要进行一定的检测,合格后才能送往乳品厂。

光明荷斯坦牧业有限公司,具有60多年的养牛历史,现有规模牧场30多个,是国内最大的牧业综合性服务公司之一。牧场管理采用"千分牧场"评价标准体系,对所有牧场,从兽医保健、繁殖育种、饲料饲养、生奶质量、防暑降温、安全生产等6大板块评分,确保生乳品质安全、可靠、优质。从牧场到消费者,光明乳业通过打造全产业链,把牧场管理、乳品加工、物流冷链、品牌销售连接到一起,为消费者全程把关,层层监控,确保高品质的产品与服务始终如一。

提示 有农户把刚刚挤出来的牛奶卖掉,或者把牛羊直接拉到市场上边挤奶边卖。这刚挤出来的牛奶的确新鲜,但能直接饮用吗?当然不能。

刚挤出的牛奶是生牛奶。由于没有经过正常的检疫检验与起码的杀菌处理,不具备冷链存储条件,也不能保证产品的新鲜程度,容易导致散装牛奶中的细菌大量繁殖,使牛奶变质变味。变质后的牛奶即使经过加热煮沸,也不能保证安全。更有甚者,病牛所产的奶中含有大量病原微生物,如结核杆菌、葡萄球菌等,易引发人畜共患疾病。有些卖奶人员本身也没有健康证,消费者难以维护自己的权益。

市场销售的正规的有完整包装的鲜奶是按照国家标准生产的,包括加工条件与设备、生鲜牛奶检验、加工工艺与包装、产品贮藏与运输的标准与规定,保质期内的产品一般都符合国家标准的要求。

知识与技能训练

1. **知识训练**

① 什么是原料乳?
② 什么是异常乳?包括哪些?
③ 牛乳的基本成分有哪些?从哪几个方面来描述其理化性状?

2. **技能训练**

牛乳的酸度如何表示?请完成表1-7,比较不同品牌乳制品的吉尔涅尔度(°T)和pH值。

表1-7 乳制品比较

品牌	产品名称	吉尔涅尔度(°T)	pH值
	鲜牛乳:		
	纯牛奶:		
	鲜牛乳:		
	纯牛奶:		

任务2　原料乳的接收与贮存

任务描述

牛乳从农场或收乳站送至乳品厂加工。在世界范围内,从2~3L的容器至上千上万升容量的现代化奶罐,各种容器都被用来收奶。乳品厂有专门的原料乳接收部门,处理从牧场运来的原料乳。整个过程都必须控制微生物。

知识准备

一、牛奶的冷却

图1-4所示为从乳牛到冷却罐在密闭条件下的挤奶过程。A为带搅拌器和冷却装置的大冷却罐。

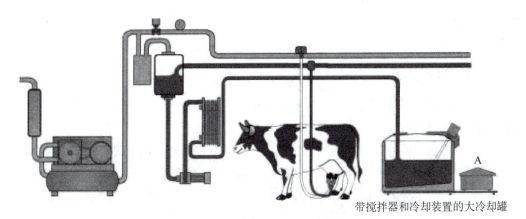

图1-4　密闭条件下的挤奶过程

挤奶后,牛奶应立即冷却至4℃以下,并且保持温度直至乳品厂。这期间如果某一冷却环节中断,例如运输过程中乳温升高,牛乳中的微生物就开始繁殖,进而出现各种代谢产物和酶类。虽然后续冷却能阻止这一进程,但牛乳的质量已经受到损害,仍将影响最终产品的质量。

二、奶槽车乳的收集

用奶槽车收集牛乳,奶槽车上的输奶软管必须与牧场的牛乳冷却罐的出口阀相连,如图1-5所示。

通常奶槽车上装有流量计和泵,自动记录收奶的量。另外,收奶的量可根据所记录的不同液位来计算。一定容积的奶槽,一定的液位代表一定体积的乳。在多数情况下,奶槽车上装有空气分离器,冷藏贮罐一经抽空,奶泵立即停止工作,避免将空气混入牛奶中。奶

图 1-5 在牧场奶槽车收奶

槽车的奶槽分成若干个间隔,以防牛奶在运输中晃动,每个间隔依次充满后,立即将牛乳送往乳品厂。

如果奶槽车一天收奶多次,则每次收奶后都应经单碱清洗。每天收奶工作结束则应进行 CIP 碱洗加酸洗。及时清洗奶槽车,便于责任追溯,不仅是食品安全的需要,也是维护正常运转、避免故障的需要。

三、牛乳的接收

乳品厂有专门的原料乳接收部门,处理从牧场运来的原料乳。每批进厂的原料乳须经检验合格后方可使用。

在收乳时,首先要测量进乳的数量,如图 1-6 所示,计量后的牛乳随后进入物料平衡系统。乳品厂利用物料平衡系统来比较进乳量与最终产品量。进乳的数量可按体积或重量计算。到达乳品厂的奶槽车直接驶入收乳间。收乳间通常能同时容纳数辆乳槽车。

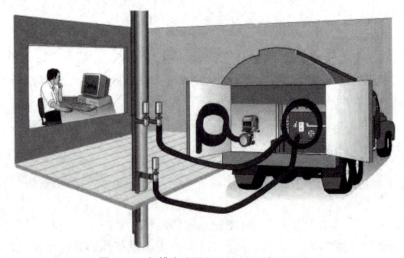

图 1-6 奶槽车在收奶间中进行牛乳计量

1. 容量法计量

这种方法使用流量计,但计量乳的同时也把乳中的空气计量进去,因此结果不十分可靠。重要的是要防止空气进入牛乳中,可在流量计前装一台脱气装置,以提高计量的精确度。如图1-7所示。奶槽车的出口阀与脱气装置相连,牛乳经过脱气泵至流量计,流量计不断显示牛乳的总流量。当所有牛乳卸车完毕,记录牛乳的总体积。奶泵的启动由与脱气装置相连的传感控制元件控制。在脱气装置中,当牛乳达到能防止空气吸入管线的预定液位时,奶泵启动。当牛乳液位降至某一高度时,乳泵立即停止。经计量后,牛乳进入大贮奶罐。

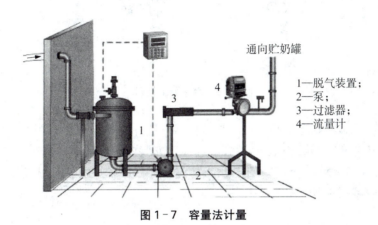

图1-7 容量法计量

1—脱气装置;
2—泵;
3—过滤器;
4—流量计

2. 重量法计量

用奶槽车收乳可以用以下两种方法称量。

(1) 奶槽车卸乳前后的重量相减 通常奶槽车在称重前先通过车辆清洗间冲洗。这一步骤在恶劣天气条件下尤为重要。当记录下乳槽车的毛重后,牛乳通过封闭的管线经脱气装置,而不是流量计,进入乳品厂。牛乳排空后,乳槽车再次称重。用前面记录的毛重减去车身自重就得牛乳的净重。

(2) 用底部带有称量元件的特殊称量罐称量 如图1-8所示,牛乳从乳槽车泵入罐脚装有称量元件的特殊罐中。该元件发出一个与罐重量成比例的信号。牛乳进入罐中,信号的强度随罐重量的增加而增加。所有的乳交付后,记录罐内牛乳的重量,随后牛乳泵入大的贮奶罐。

四、原料乳贮存

未经处理的原料乳贮存在大型立式贮奶罐中,即奶仓,容积为25 000~150 000 L。较小的贮奶罐通常安装于室内,较大的则安装在室外。露天大罐是双层结构的,在内壁与外壁之间带有保温层,罐内壁由抛光的不锈钢制成,外壁由钢板焊接而成。

大型奶仓必须带有搅拌设施,以防止重力的作用下脂肪上浮甚至分层。搅拌必须十分平稳,过于剧烈的搅拌将导致牛乳中混入空气和脂肪球的破裂,而使游离的脂肪在牛乳的解脂酶的作用下分解。因此,轻度搅拌是牛乳处理的一条基本原则。

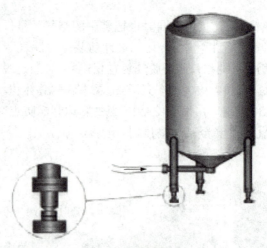

图 1-8 用称量罐收奶

如图 1-9 所示,贮奶罐带有一个叶轮搅拌器。这种搅拌器广泛应用于大型贮奶罐中,且效果良好。在非常高的贮奶罐中,要在不同高度安装两个搅拌器。露天贮奶罐带有一块附属控制盘,控制盘朝着一个带罩的中心控制台,用于罐内温度指示、液位指示、低液位保护、溢流保护、空罐指示等。

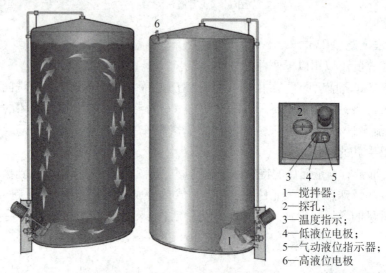

1—搅拌器;
2—探孔;
3—温度指示;
4—低液位电极;
5—气动液位指示器;
6—高液位电极

图 1-9 带螺旋桨式搅拌器的奶仓

任务实施

参观乳制品工厂,近距离观察奶槽车、贮奶罐等,了解原料乳的接收和贮存环节,讨论此环节对乳制品生产的重要性。

1. 所参观的乳制品工厂名称是_____；
2. 奶槽车温度应控制在_____以下，该乳品厂奶槽车运行情况：_____；
3. 测量进乳数量的方法有_____、_____。该乳品厂采用的是_____；
4. 该乳品厂的奶仓在室_____(内、外)，有_____个奶仓，容积分别是_____L。
5. 该乳品厂原料乳验收操作有哪些规程？

任务评价

项目	知识	技能	态度
评价内容	本任务你主要学习了哪些知识？你最感兴趣的是哪一个知识点？	在该任务的学习中，你获得了哪些技能？你还有哪些困惑？	本任务所学对你有所助益或启发吗？你觉得如何才能将理论运用于实践？
评分： ☆零散掌握 ☆☆部分掌握 ☆☆☆扎实掌握	☐☆ ☐☆☆ ☐☆☆☆	☐☆ ☐☆☆ ☐☆☆☆	☐☆ ☐☆☆ ☐☆☆☆

能力拓展

上网查询资料，了解 CIP(就地清洗)、COP(把设备拆卸后清洗)、AIC(UHT 灭菌器无菌中间清洗)的概念，认识奶槽车、贮奶罐等非加热乳品设备是如何清洗的，理解在乳品加工过程中，设备及时清洗消毒的重要性。

提示 在原料乳的接收与贮存中要严格把关，杜绝一切影响原料乳品质的可能。从源头上控制，是生产好奶的第一步，也是关键一步。

知识与技能训练

1. 知识训练
① 原料乳接收与贮存的过程中，其温度应控制在什么范围？为什么？
② 在接收牛乳中如何计量？
③ 乳品厂如何贮存未经处理的原料乳？如何防止脂肪由于重力作用出现分层？
2. 技能训练
请在课后了解"光明随心订"，理解牛乳从牧场到消费者过程中冷链的意义。

任务3 原料乳的检验

任务描述

原料乳热处理时，发现牛乳发生了凝集结块的现象，导致成吨的牛乳不能加工使用，造成了大量的经济损失。原因是化验室的一名化验员在验收 500 kg 原料乳时没有按常规进行热稳定性的检验。

问题：
1. 为什么要检验原料乳？
2. 原料乳检验都需要哪些项目？
3. 如何进行原料乳检验项目？

知识准备

牛乳是细菌生长繁殖的良好基质；极易腐败变质；一些对人体有害的化学物质可通过饲料进入乳牛体内，如黄曲霉毒素 M1、农药等。因此，必须对乳与乳制品进行卫生检验，以保证食用安全。原料乳是乳制品的源头，原料乳品质控制是保证乳制品安全的第一道关。进厂的牛乳必须经过多项分析，只有全部合格，才能用于生产。

一、奶站的原料乳检测

奶站、牧场的原料乳必须进行温度检测、感官检测、理化检测以及抗生素测试等，合格后方可过磅收奶。采样一定要有代表性，每次取样量最少为 250 mL。取样时要将牛乳混合均匀，在同一个样品瓶中混匀即可。在贮乳池中取样应开搅拌器。一般取样量为 0.2‰～1‰。牛乳样品应贮存于 2～6℃ 条件下，以防变质。

1. 感官检测

将乳样置于 15～20℃ 水中保温 10～20 min，然后充分摇匀，再进行各项检查。检查时注意有无异常气味和异常色泽，有无杂质、发黏或凝块。具体的检查方法如下：

（1）色泽　将少量混匀的样乳倒入白瓷皿中或洁净的烧杯中，在自然光下观察其色泽。正常原料乳应该是乳白色或微带黄色。

（2）组织状态　洁净玻璃平皿中倒入少量被检乳。将其倾斜，在牛乳向下流动时，检查乳中有无细小蛋白质变性而凝固的颗粒。取洁净的 250 mL 烧杯，倒入牛乳，在室温下静置 2 h，然后轻轻倒出上层乳汁，观察烧杯底部有无肉眼可见的异物。乳中不得含有煤屑、豆渣、牛粪、尘埃、昆虫、泥沙等肉眼可见的异物。正常原料乳呈均匀一致胶态流体，无凝块、无沉淀、无肉眼可见异物。

（3）气味与滋味　煮沸试验：取约 10 mL 乳样，放入试管中，置于沸水浴中 5 min。取出，观察管壁有无絮状物出现或发生凝固现象。新鲜的牛乳，其管壁应无絮状物结集和凝固出现，且应具有乳固有的香味、无异常气味。煮沸试验可以检测原料乳的新鲜度。

用温水漱口后，取少量乳样放入口中，细心品尝，然后吐出（不要咽下，再用温水漱口）。将乳样全部倾倒后，嗅闻空瓶内残余气味。

2. 理化检测

（1）生乳相对密度、冰点、脂肪、蛋白质、非脂乳固体的测定　按乳成分分析仪（图 1-10）的操作要求测定，并如实记录。

（2）牛乳滴定酸度　牛乳滴定酸度常用吉尔涅尔度（°T）表示，正常乳为 12～18°T。在生产中广泛采用测定滴定酸度来间接掌握乳的新鲜度。

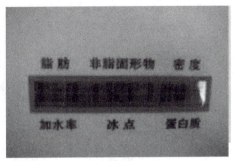

图1-10 乳成分分析仪

（3）酒精测试 原料乳和酒精按1∶1混合,如有颗粒、絮状凝块,则判定为酒精试验阳性乳,拒收。注入食用红色素,防止重复进站,并做好相关记录。不同浓度酒精试验的酸度判断见表1-8。用72%的酒精与原料乳等量混合,没有颗粒、絮状凝块出现,说明是新鲜的。

表1-8 不同浓度酒精的酸度

酒精浓度/%	不出现絮状物的酸度/°T
68	20以下
70	19以下
72	18以下

乳品加工厂可以根据不同的牛奶新鲜度要求,使用72%酒精2∶1和1∶1,以及75%酒精2∶1和1∶1检测新鲜度。

3. 掺假试验

人为地改变乳的化学成分或比例,称为乳的掺假。常见乳中掺假方式有掺水、掺碱、掺淀粉、掺尿素、掺盐、掺亚硝酸盐、掺硝酸盐、掺糖、掺豆浆等。向乳中添加廉价或没有营养价值的物品,或从乳中抽去了有营养价值的物质,或替换一些质量低劣的物质或杂质,对天然乳来说都是异物。把这些物质加入出售的乳中,是法律不允许的,不仅破坏了乳的质量,而且损害了消费者的利益,危害了人的健康。所以,食品检验人员必须通晓乳中掺假检验的方法。

（1）掺水检验 测定乳的相对密度、乳脂、乳糖、氯化物含量,来判断乳中是否掺水。

（2）玫瑰红酸测试（掺碱试验） 牛乳掺碱（碳酸钠或碳酸氢钠）的目的是为了降低牛乳的酸度,掩蔽牛乳的酸败,防止牛乳变酸凝结。牛乳掺碱不仅滋味不佳,而且易使腐败菌发育,产生某些有害物质,有些维生素也被破坏,对饮用者健康不利。因此,牛乳掺碱试验有一定卫生意义。玫瑰红酸法就是其中一种检验牛乳中碱性物质的方法。

在干燥干净试管中加入2 mL乳样,加2 mL玫瑰红酸（0.5 g/L）,摇匀观察颜色变化。颜色呈橘黄色的为不掺碱（阴性）;颜色呈玫瑰红色的为掺碱（阳性）,注入食用红色素,做好相关记录。

4. 抗生素残留检验（凝结试验）

吸取乳样 20 mL 于试管内，在 95～100℃ 水浴中，消毒 5 min，冷却至 42℃ 左右。用无菌吸管将工作发酵剂 1 mL 加入原料乳试管中振荡，置于 40～43℃ 培养箱内培养 3 h。当乳样酸度≥65°T 并凝结时，即可判为合格；反之，即为不合格。

二、乳品厂奶槽车放行项目检测

奶站、牧区的原料乳经检验合格后收集入奶槽车，奶槽车到达乳品厂指定点，必须马上采样，及时进行生鲜乳感官、理化、微生物检验。检验合格发放"奶槽车放行单"。奶槽车上的原料乳打入乳仓或暂存罐，并做好记录，见表 1-9，便于追溯。奶槽车须及时用热水清洗，在当日工作结束后须进行 CIP 清洗。

表 1-9 某厂奶槽车放行单

奶槽车到达时间		车号	
进厂奶温/℃		相对密度（D_4^{20}）	
冰点/℃		脂肪/%	
蛋白质/%		非脂乳固体/%	
煮前酸度/°T		煮前酸度/°T	
煮后酸度/°T			
酒精试验（±）		掺碱试验（±）	
杂质度/（mg/kg）		抗生素（SNAP 法）	
口感滋气味			
检测人员签字		奶源人员签字	
暂存罐号		原料乳数量/kg	
是否放行		放行时间	

（1）进厂温度　取样后立即用水银温度计测量。

（2）冰点、脂肪、蛋白质、非脂乳固体含量　利用乳成分分析仪测定。

（3）酸度　煮沸后酸度差＝煮沸前酸度－煮沸后酸度，应≤2°T，则符合原料乳验收标准。方法按国标 GB 5009.239。

（4）酒精试验、掺碱试验、感官检验　方法与奶站方法相同。

（5）杂质度　按照国标 GB 5413.30。原料乳样品充分混匀后，用量筒量取 500 mL，立即测定。将杂质度过滤板放置在过滤设备上，将样品溶液倒入过滤设备的漏斗中，但不得溢出漏斗，过滤。用水多次洗净烧杯，并将洗液转入漏斗过滤。分次用洗瓶洗净漏斗过滤，滤干后取出杂质度过滤板，与杂质度标准板比对即得样品杂质度。一般要求≤4 mg/kg。

（6）掺抗生素试验 SNAP 法　一般企业使用 SNAP 快速检测仪，如图 1-11 所示。

SNAP 快速检测仪有多种不同的相配套的试剂盒,可进行相对应的项目检测。β-内酰胺类抗生素广泛用于治疗奶牛的乳腺炎和其他感染。不遵守抗生素标签说明书和牛奶撤回指南,可能导致牛奶中残留抗生素。作为质保计划的一部分,SNAP 法旨在简化 β-内酰胺类抗生素残留的检测方法。

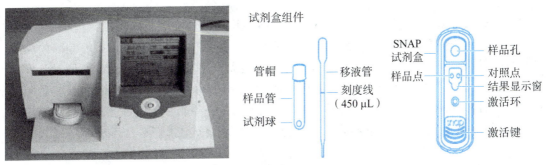

图 1-11　SNAP 快速检测仪及其配套试剂盒

(7) 原料乳进厂原始检测　包括过氧化氢(双氧水)、亚硝酸盐、硝酸盐、重铬酸盐、磷酸盐试验、尿素、掺杂掺假、煮沸试验、微生物美兰检测等。

三、原料乳验证项目检测

在加工之前,奶仓的奶还要进行原料乳验证检测,以确保原料乳的品质,尤其是一些需要较长时间才能得出结果的项目,如嗜冷菌的检测,在奶槽车放行时无法得出结果。原料乳验证检测合格,发放"原料乳加工交接单",可以进入到下一工序流转环节(如配料、杀菌等)。

在生产过程中,各工序流转环节,前后道工序都需要检验交接单,见表 1-10,原料乳的酸度是管理控制的重要参考指标,主要是理化指标(蛋白质、脂肪是否符合内控指标)。

表 1-10　某企业原料乳加工交接单(验证项目)

暂存罐号				转序方向		去配料	
各项指标	脂肪/%	蛋白质/%	非脂乳固体/%	杂质度/(mg/kg)		奶罐奶温/℃	
	掺碱试验	酸度/°T	酒精试验	感官		三聚氰胺	
	动物皮毛水解蛋白	尿素	黄曲霉	菌落总数		嗜冷菌	
结论							
转序时间	年　　月　　日						

(续表)

操作工签名	
检测员签名	
备注	

考虑到放行时间以及某些指标的检验时间,验证时可增加重金属污染物指标、真菌霉素指标、农药残留指标等。为了确保乳制品到达消费者手中是安全、新鲜的,乳制品的品质控制除了从源头,即原料乳质量抓起外,在生产中也要严格监控半成品、成品的质量。半成品的品质控制主要分配料前、配料后两个阶段。成品的品质控制分为灌装前、灌装后两个阶段。品控人员按不同阶段要求采样,检测常规项目。一些非常规项目可采用混合监控的方法。须确保整个生产链中所有指标检验合格,产品才能安全出厂。

任务实施

1. 按小组讨论,回答问题

① 生鲜牛乳各指标应符合_____国家标准,请分组认真研读。

② 奶站(牧区)原料乳检测、奶槽车放行项目检测、原料乳验证项目检测之间是什么关系?各有哪些检测项目,能否互相替代?

③ 原料乳的新鲜度可以通过哪些项目检验?说说检验方法。

④ 为什么用药期和停药后3天内的原料乳不能收购?

2. 模拟工作场景,分小组完成工作任务单

工作场景 某乳品加工厂的化验室正在开展原料乳的验收工作。该化验室设主任一名,现场检验组、掺假检验组、理化检验组和微生物检验组共4组,每组设一名组长,组员若干,共同完成原料乳的日常检验的工作。

任务要求:

① 分组,发放小组工作任务单,分工合作共同完成该任务。

② 小组成员具体分工,要求做好记录(包括小组的成员、分工、讨论结果等)。

③ 根据工作任务单确定检验方法、使用的检验仪器和试剂,实际操作中要符合操作规范,核实检验结果,填写工作任务单。

④ 注意操作安全、仪器的正确使用,使用完后要放回原位,保证仪器和环境的清洁。

⑤ 能在学习中提出问题;每一步分析都要准确;学生互评要公平、公正。

工作任务单:

(1) 生牛乳的感官检验 见表1-11。

表1-11 生牛乳的感官检验

项目名称		小组号		检测日期	
小组成员					
检验依据				样品名称	

(续表)

检测地点		环境温度/湿度(℃/%)	
检验内容	煮沸前		煮沸后
色泽			
组织状态			
气味			
滋味			
杂质度			
备注			

(2) 理化检测　见表1-12。

表1-12　理化检测

项目名称		小组号		检测日期	
小组成员					
检验依据			样品名称		
检测地点			环境温度/湿度(℃/%)		
检验内容	检验方法		仪器、试剂		检验结果
相对密度					
冰点					
脂肪					
蛋白质					
非脂乳固体					
酒精试验					
酸度测定					
备注					

(3) 掺碱试验、掺抗生素试验　见表1-13。

表1-13　掺碱试验、掺抗生素试验

项目名称		小组号		检测日期	
小组成员					
检验依据			样品名称		
检测地点			环境温度/湿度(℃/%)		

(续表)

检验内容	检验方法	仪器、试剂	检验结果
掺碱试验			
抗生素检测			
备注			

任务评价

1. 学生互评表

任务名称			填写时间	
姓名	讨论(20分)	检验操作过程(50分)	和其他组员的配合情况(30分)	总分(100分)

2. 任务评价表

项目	知识	技能	态度
评价内容	本任务你主要学习了哪些知识？你最感兴趣的是哪一个知识点？	在该任务的学习中，你获得了哪些技能？你还有哪些困惑？	本任务所学对你有所助益或启发吗？你觉得如何才能将理论运用于实践？
评分： ☆零散掌握 ☆☆部分掌握 ☆☆☆扎实掌握	□☆ □☆☆ □☆☆☆	□☆ □☆☆ □☆☆☆	□☆ □☆☆ □☆☆☆

能力拓展

请查询资料，了解过氧化氢（双氧水）、亚硝酸盐、硝酸盐、三聚氰胺、黄曲霉等的检验方法及操作步骤，理解原料乳的各项目检测对乳制品质量控制的意义。

提示 半成品的品质控制主要分配料前、配料后两个阶段。在原料乳开始加工时，品控人员对尚未配料的半成品进行采样，进行蛋白质、脂肪、酸度、感官等常规项目检测，符合标准的进行配料，配料完成后，还需进行采样检测。同时，一些非常规指标采用混合监控的方法。

成品的品质控制分为灌装前、灌装后两个阶段。产品灌装前,由班组的首检从刚开始灌装的正常产品中取样,对蛋白质、脂肪、酸度、口感、产品日期、包装物的符合性等进行检验确认后,开始灌装。产品出厂前,同样需要检验常规指标。

知识与技能训练

1. 知识训练

① 原料乳的验收主要包括哪些项目?
② 什么是乳的掺假?乳中掺假有哪几种方式?
③ 奶槽车放行时原料乳检测项目有哪些?
④ 原料乳验证项目检测有哪些?

2. 技能训练

练习原料乳的检验方法:

① 牛乳的感官检测。
② 用乳成分分析仪测定生乳的相对密度、冰点、脂肪、蛋白质、非脂乳固体。
③ 采用酒精测试方法判定牛奶的新鲜度。
④ 用玫瑰红酸测试法进行掺碱试验。
⑤ 用凝结试验法和 SNAP 法比较,检验抗生素残留。

模块二

典型乳制品的加工

情景导入

　　乳制品已经逐渐融入了中国人的饮食习惯,牛奶、酸奶等乳制品消费量正逐年增长。在琳琅满目的超市乳制品专柜前,该如何为自己和家人挑选适宜的乳制品? 在购买乳制品时,你是否关注过产地来源、营养成分、包装形式和安全认证等信息? 想知道你喜爱的鲜奶、酸奶和奶酪等乳制品是如何生产加工的吗? 本模块以液体乳、发酵乳、乳粉和干酪为例,带领大家一起认识常见的乳制品,共同探究典型乳制品的加工工艺。

导学

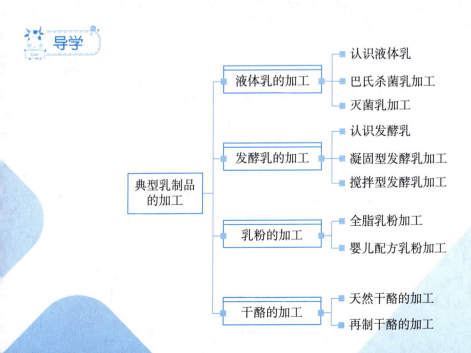

项目一
液体乳的加工

知识目标

1. 概述巴氏杀菌乳、调制乳和灭菌乳的概念与分类。
2. 概述巴氏杀菌乳和灭菌乳的生产工艺流程。
3. 阐明净乳、标准化、均质、杀菌和灌装等操作的设备、工艺要求和操作要点。
4. 阐述标准化和均质作用的原理。

技能目标

1. 能借助标准文件对液体乳样品进行感官评定。
2. 能按标准完成巴氏杀菌乳的加工操作。

任务 1　认识液体乳

任务描述

关注超市里的牛奶,为何有些牛奶放在冰柜里,有些盒装、箱装的牛奶堆砌在冰柜旁边?它们有什么区别?小明购买了两盒冰柜中的鲜牛奶和一箱冰柜外的牛奶,回家后将它们都放在客厅。几天后,其中一盒鲜牛奶已经发酸,你知道这是为什么吗?

知识准备

1. 液体乳的概念与分类

液体乳是以生鲜牛(羊)乳为原料,不添加或添加辅料,经巴氏杀菌或灭菌制成的液体产品,包括巴氏杀菌纯牛(羊)乳、巴氏杀菌调味乳、灭菌纯牛(羊)乳和灭菌调味乳,不包括炼乳和酸牛乳。

2. 乳制品加工中常用的杀菌和灭菌方式

国际乳联(IDF)将巴氏杀菌定义为:通过热处理尽可能地将来自牛乳中的病原性微生物的危害降至最低,同时保证制品中化学、物理和感官的变化最小。

灭菌,就是要杀灭乳中所有细菌,使其呈无菌状态;商业无菌,即不含危害公共健康的致病菌和毒素,不含任何在产品储存、运输及销售期间能繁殖的微生物,在产品有效期内保持质量稳定和良好的商业价值。

乳制品加工中常用的杀菌和灭菌方式如下:

(1) 低温长时杀菌法(LTLT)　加热条件为 62~65℃、30 min;分为单缸保持法和连续保持法两种。

(2) 高温短时杀菌法(HTST)　加热条件是 72~75℃、15 s;最大的优点就是能连续处理大量牛乳。

(3) 超巴氏杀菌法　一种延长货架期的技术,典型的超巴氏杀菌条件是 125~130℃、2~4 s。

(4) 超高温灭菌法(UHT)　一般采用 135~150℃、0.5~4 s 灭菌,耐热性细菌都能杀死。

(5) 二次灭菌法　先预杀菌,再 110℃、10 min 以上二次灭菌,可分为一段灭菌、二段灭菌和连续灭菌。

3. 巴氏杀菌乳

巴氏杀菌乳是仅以生牛(羊)乳为原料,经巴氏杀菌等工序制得的液体产品。原料乳经过净化、标准化、均质、巴氏杀菌、冷却、灌装等工序,经冷链运输,通过送奶上门或者商超供给消费者饮用,如光明鲜牛奶。按杀菌条件可将巴氏杀菌乳分为两类:低温长时杀菌(LTLT)乳和高温短时杀菌(HTST)乳;按脂肪含量可分为全脂乳、低脂乳和脱脂乳。

4. 调制乳

调制乳是以不低于 80% 的生牛(羊)乳或复原乳为主要原料,添加其他原料或食品添加剂或营养强化剂,采用适当的杀菌或灭菌等工艺制成的液体产品,如光明优倍。按照脂肪含量可将调制乳分为全脂、部分脱脂和脱脂调制乳;按杀(灭)菌方式可分为巴氏调制乳及灭菌调制乳;按用途可分为学生奶、早餐奶、儿童牛奶、高钙奶、低乳糖牛奶和准妈妈牛奶等。

5. 灭菌乳

超高温灭菌乳是以生牛(羊)乳为原料,添加或不添加复原乳,在连续流动的状态下,加热到至少 132℃ 并保持很短时间的灭菌,再经无菌灌装等工序制成的液体产品,如光明优⁺。按照脂肪含量可将灭菌乳分为全脂、部分脱脂和脱脂灭菌乳;按原料来源可分为灭菌牛乳、灭菌羊乳和灭菌复原乳;按灭菌方式可分为超高温灭菌乳和保持灭菌乳。

保持灭菌乳是以生牛(羊)乳为原料,添加或不添加复原乳,无论是否经过预热处理,在灌装并密封之后经灭菌等工序制成的液体产品。

任务实施

二维码 15

二维码 16

二维码 17

1. 分小组研读《食品安全国家标准　巴氏杀菌乳》(GB 19645-2005)，回答以下问题：
① 请问巴氏杀菌乳的感官要求是什么？如何检验？
② 巴氏杀菌乳的理化指标有哪些？该如何检测？
③ 该标准中对哪些微生物进行了限量？应采取哪些检验方法？

2. 分小组研读《食品安全国家标准　调制乳》(GB 19645-2005)，回答以下问题：
① 请找到调制乳的定义依据。
② 请问调制乳的感官要求是什么？如何检验？
③ 灭菌乳的理化指标和微生物要求有哪些？该如何检验？

3. 分小组研读食品安全国家标准 GB 25190，回答以下问题：
① 请找到灭菌乳的定义依据。
② 请问灭菌乳的感官要求是什么？如何检验？
③ 灭菌乳的理化指标有哪些？该如何检测？

4. 请将液体乳样品分类，识别样品的杀菌方式。种类按巴氏杀菌纯牛乳、巴氏杀菌调制乳、灭菌纯牛乳及灭菌调制乳识别；杀菌方式按巴氏杀菌和超高温灭菌识别。分组合作，完成表 2-1。

表 2-1　液体乳的识别

样品号	品牌与样品名	样品种类	杀菌方式
1			
2			
3			
4			
5			
6			
7			
8			
9			
10			

5. 以小组为单位，对全脂巴氏杀菌乳和全脂灭菌乳样品进行感官评定。感官评定细则见表 2-2 和表 2-3。

表 2-2 全脂巴氏杀菌乳感官质量评鉴细则（RHB 101）

项目	特 征	得分
滋味和气味 （60分）	具有全脂巴氏杀菌乳的纯香味，无其他异味	60
	具有全脂巴氏杀菌乳纯香味，稍淡，无其他异味	59～55
	具有全脂巴氏杀菌乳固有的香味，且此香味延展至口腔的其他部位，或舌部难以感觉到牛乳的纯香，或具有蒸煮味	56～53
	有轻微饲料味	54～51
	滋、气味平淡，无乳香味	52～49
	有不清洁或不新鲜滋味和气味	50～47
	有其他异味	48～45
组织状态 （30分）	呈均匀的流体。无沉淀，无凝块，无机械杂质，无黏稠和浓厚现象，无脂肪上浮现象	30
	有少量脂肪上浮现象外基本呈均匀的流体。无沉淀，无凝块，无机械杂质，无黏稠和浓厚现象	29～27
	有少量沉淀或严重脂肪分离	26～20
	有黏稠和浓厚现象	20～10
	有凝块或分层现象	10～0
色泽 （10分）	呈均匀一致的乳白色或稍带微黄色	10
	呈均匀一色，但显黄褐色	8～5
	色泽不正常	5～0

二维码18

表 2-3 全脂灭菌乳感官质量评鉴细则（RHB 102）

项目	特 征	得分
滋味和气味 （50分）	具有灭菌纯牛乳特有的纯香味，无异味	50
	乳香味平淡，不突出，无异味	45～49
	有过度蒸煮味	40～45
	有非典型的乳香味，香气过浓	35～39
	有轻微陈旧味，奶味不纯，或有奶粉味	30～34
	有非牛奶应有的让人不愉快的异味	20～29
色泽 （20分）	具有均匀一致的乳白色或微黄色	20
	颜色呈略带焦黄色	15～19
	颜色呈白色至青色	13～17

二维码19

(续表)

项目	特　征	得分
组织状态 （30分）	呈均匀的液体，无凝块，无黏稠现象	30
	呈均匀的液体，无凝块，无黏稠现象，有少量沉淀	25～29
	有少量上浮脂肪絮片，无凝块，无可见外来杂质	20～24
	有较多沉淀	11～19
	有凝块现象	5～10
	有外来杂质	5～10

任务评价

项目	知识	技能	态度
评价内容	本任务你主要学习了哪些知识？你最感兴趣的是哪一个知识点？	在该任务的学习中，你获得了哪些技能？你还有哪些困惑？	本任务所学对你有所助益或启发吗？你觉得如何才能将理论运用于实践？
评分： ☆零散掌握 ☆☆部分掌握 ☆☆☆扎实掌握	□☆ □☆☆ □☆☆☆	□☆ □☆☆ □☆☆☆	□☆ □☆☆ □☆☆☆

能力拓展

请阅读 GB 19302《食品安全国家标准　发酵乳》，在巴氏杀菌乳、调制乳和灭菌乳的基础上，了解发酵乳的相关知识，从而对液体乳有更全面的认识。

知识链接

了解巴氏杀菌乳和灭菌乳

1. 巴氏杀菌乳

（1）光明基础鲜奶系列

（2）光明优倍75℃鲜活力巴氏杀菌乳　采用72～75℃巴氏杀菌工艺，保留更多活性蛋白和活性酶，如乳铁蛋白、免疫球蛋白、α-乳白蛋白、β-乳球蛋白、乳过氧化物酶等。奶源限定优质牧场，从奶源开始，保障鲜活品质。

2. 灭菌乳

（1）光明纯牛奶　采用优质的生鲜奶源，经超高温瞬间灭菌工艺，含有 3.2 g/100 mL 优质乳蛋白。

图 2-1　光明巴氏杀菌乳

(2) 光明优⁺纯牛奶　限定专属优质牧场,低温浓缩工艺保留更多优质乳蛋白,强化营养,口味更加甘醇香滑。

(3) 光明有机奶　源自齐齐哈尔的天然有机牧场。含有3.6 g优质乳蛋白,120 mg原生高钙奶。

图2-2　光明灭菌乳

提示　在超市购买的鲜牛奶要及时放置于冰箱!鲜牛奶开封后要尽快喝完;常温奶应置于避光干燥处。灭菌乳开封后若一时喝不完,须盖紧盖子放置于冰箱。不要让牛奶曝晒或照射灯光,日光和灯光均会破坏牛奶中的数种维生素,也会使其丧失芳香。

知识与技能训练

1. 知识训练
① 什么是液体乳?它一般有哪几类?
② 简述巴氏杀菌乳、调制乳和灭菌乳的概念与分类。
③ 说一说全脂巴氏杀菌乳和全脂灭菌乳的感官评定细则。

2. 技能训练
请在课后前往超市、便利店等乳制品售卖专区,寻找液体乳类产品并分类。

任务2　巴氏杀菌乳加工

任务描述

巴氏杀菌乳,尤其是鲜牛奶,是很多同学每天的早餐必备。奶牛产下的奶是如何变成鲜奶的?如果有同学煮过生牛奶,是否知晓牛奶煮沸后形成的厚厚的奶皮是什么物质?请跟随我们的脚步,探访巴氏杀菌乳是如何加工的吧!

知识准备

一、巴氏杀菌乳的加工

(一) 巴氏杀菌乳的生产工艺

巴氏杀菌乳的生产工艺流程如图2-3所示。

图 2-3 巴氏杀菌乳的生产工艺流程

(二)巴氏杀菌乳生产工艺解析及操作要点

1. 原料乳验收

国标规定,巴氏杀菌乳的原料是牛乳或羊乳,不能使用复原乳或再制乳。由于羊乳量少,产量低,市场上销售的巴氏杀菌乳的主要原料是牛乳(生乳)。原料牛乳(生乳)的验收须符合 GB 19301 的要求。原料乳(生乳)验收完成之后,在净乳之前须使用真空脱气罐处理牛乳,由真空泵抽吸排除空气及一些非冷凝气体(异味)。

2. 净乳

生乳净化的目的是除去乳中的细小杂质并减少微生物的数量。常用的净化方法有过滤净化和离心净化两种。

(1)过滤净化　在收购乳时,为了防止粪屑、牧草、牛毛以及蚊蝇等昆虫带来的污染,挤下的牛乳必须用清洁的纱布过滤。凡是将乳从一个地方送到另一个地方,从一个工序到另一个工序,或者由一个容器转移到另一个容器时,都应该过滤。

过滤的方法有常压(自然)过滤、吸滤(减压过滤)和加压过滤等。由于乳是一种胶体,因此多用滤孔比较粗的纱布、滤纸、金属绸或人造纤维等作过滤材料,并用吸滤或加压过滤等方法,也可采用膜技术(如微滤)除去杂质。

二维码20

图 2-4　双联过滤器

乳品厂简单的过滤是在受乳槽上装不锈钢制金属网,加多层纱布粗滤。进一步过滤可采用管道过滤器。管道过滤器可设在受乳槽与乳泵之间,与乳输送管道连在一起。中型乳品厂也可采用双联过滤器,如图 2-4 所示。一般每个筒在连续过滤 5 000~10 000 L 牛乳后清洗一次滤布,或者根据过滤器前后加装的压力传感器压差,判断过滤器是否堵塞,再切换清洗,具体情况要视原料乳的含杂质多少而定。

(2)离心净化　生乳经过数次过滤后,虽然除去了大部分杂质,但很多极微小的细菌和机械杂质、白细胞及红细胞等,不能用一般的过滤方法除去,须用离心净乳机进一步净化。

利用机械离心力将肉眼不可见的杂质去除,使乳达到彻底净化。常见离心净乳机如图 2-5(a,b)所示。乳在分离钵内受到强大离心力的作用,将大量的机械杂质留在分离钵内壁上,而乳被净化;净乳机没有分配孔,只有一个出口,如图 2-5(c)所示。乳净化要求如下。

  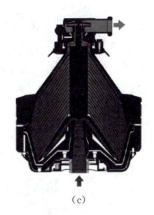

(a) (b) (c)

图 2-5 离心净乳机

① 生乳的温度：乳温在脂肪熔点 28～38℃为好。如果在 4～10℃低温情况下净化，则会因乳脂肪的黏度增大而影响流动性和尘埃的分离。根据乳品生产工艺的设置，也可以采用 40℃或 60℃的温度净化，净化之后应该直接进入加工段。

② 进料量：根据离心净乳机的工作原理，乳进入机内的量越少，分离钵内乳层则越薄，净化效果则越好。大流量时，分离钵内的乳层加厚，净化不彻底。一般进料量比额定数减少 10%～15%。

③ 事先过滤：生乳在进入分离机之前要先进行较好的过滤，去除大的杂质。一些大的杂质进入分离机内可使分离钵之间的缝隙加大，乳层加厚，净化不完全。

3. 冷藏

净化后的乳最好直接加工。如要短期储藏，可以存放于储奶罐，借助板式换热器及时冷却至 4℃以下，以保持乳的新鲜度。

4. 标准化

(1) 原料乳标准化的定义　由于乳牛品种、地区、季节和饲养管理等因素，原料乳中的脂肪、蛋白质、非脂乳固体、乳糖等理化指标有较大的差别。在加工过程中，必须调整原料乳中脂肪、蛋白质、非脂乳固体等指标值及其比例，使其符合乳制品的要求。一般把该过程称为标准化。

牛乳的标准化是指，通过浓缩/超滤提高脂肪和蛋白质，或脱脂下降脂肪，或添加牛奶组分稀奶油等，以调整原料乳中的脂肪和蛋白质含量，使其理化指标符合产品的要求，达到产品理化品质的一致性。因此，凡不符合标准的乳，都必须标准化。

(2) 原料乳标准化的方法　含脂率低时，可加入稀奶油提高其脂肪的含量；含脂率高时，则加入脱脂乳降低其含脂率。由于奶油数量少且不易保存，因此脂肪的标准化主要是在较高脂肪含量的原料乳中分离脱去部分脂肪。乳制品企业采用的标准化方法主要有以下 3 种：

① 预标准化：在杀菌之前标准化。
② 后标准化：在巴氏杀菌后标准化。
③ 直接标准化：直接在管道系统内标准化。

这 3 种方法的共同点在于，标准化之前都将全脂乳分离成了脱脂乳和稀奶油。前两种方法都需要大型的、笨重的混合罐,分析和调整都很费工。近年来,越来越多地使用直接标准化,即在管线上标准化,与分离配合进行。原料乳先经脱脂分离机分离成脱脂乳和稀奶油,然后再标准化。在主机上输入原料乳质量、原料乳脂肪含量、标准化乳脂肪含量,即可通过控制阀、流量计、密度计和计算机化、控制环路来调节原料乳和稀奶油的脂肪含量。直接标准化脂肪流程如图 2-6 所示。

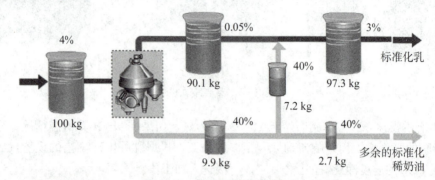

图 2-6 直接标准化脂肪流程

图 2-7 利乐标准化设备

除了可以借助脱脂分离机标准化脂肪,还可以利用闪蒸或三效浓缩等操作标准化蛋白质。如图 2-7 所示,利乐标准化设备可以持续精准地控制蛋白质和脂肪,通过专用软件,连续快速地测定脂肪和蛋白质含量,从而提高生产效率和产品质量。

(3) 原料乳标准化的计算

① 当脂肪含量较高时,在原料乳中添加脱脂乳:

原料乳脂肪含量 + 脱脂乳脂肪含量 = 标准乳的脂肪含量。

② 当脂肪含量较低时,可以在原料乳中添加稀奶油:

原料乳脂肪含量 + 稀奶油脂肪含量 = 标准乳的脂肪含量。

③ 将稀奶油和脱脂乳混合制备标准化乳:

稀奶油脂肪含量 + 脱脂乳脂肪含量 = 标准乳的脂肪含量。

例 1 现有 1.0 kg 脂肪含量为 0.5% 的脱脂乳,另有脂肪含量为 30% 的稀奶油。现要制备脂肪含量为 3.1% 的标准化乳,需要在脱脂乳中添加多少稀奶油才能制成标准化乳?

解 设需要添加稀奶油 x,

$$1.0 \times 0.5\% + x \cdot 30\% = (1.0 + x) \times 3.1\%, \quad x = 0.097 \text{(kg)}.$$

因此,需要添加稀奶油 0.097 kg。

例 2 现有 10 t 含脂率为 3.6% 的原料乳,欲标准化到含脂率为 3.2%。须添加含脂率为 0.2% 的脱脂乳多少?

解 设须添加脱脂乳 x,

$$10\times 10^3 \times 3.6\% + x \times 0.2\% = (10\times 10^3 + x) \times 3.2\%,\ x = 1\,333.3(\text{kg})。$$

因此，须添加含脂率为 0.2% 的脱脂乳 1 333.3 kg。

例 3 100 kg 的全脂乳分离出含脂率 0.05% 的脱脂乳 90.1 kg，含脂率为 40% 的稀奶油 9.9 kg。在脱脂乳中加入多少含脂率为 40% 的稀奶油，才能获得含脂率为 3% 的标准化乳？

解 设须在脱脂乳中加入含脂率为 40% 的稀奶油 x，

$$\frac{0.05\%\times 90.1 + 40\%\times x}{90.1 + x} = 3\%,\ x = 7.2(\text{kg})。$$

因此，在脱脂乳中必须加入含脂率为 40% 的稀奶油 7.2 kg，才能获得标准化乳。

5. 离心

离心分离机是乳品厂常见的重要设备，主要用于净乳、脱脂、标准化等。利用分离筒的高速旋转，使悬浮液中的固相微粒在离心力场中获得高于在重力场中数千倍的离心力，从而达到加速液固分离的过程。经过累加碟片形成分离机的基本雏形，如图 2-8(a，b)所示。

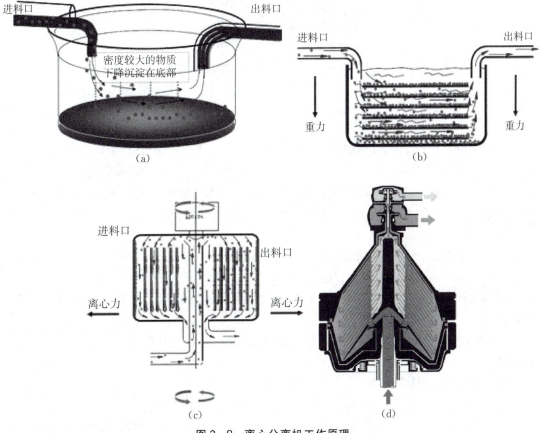

图 2-8 离心分离机工作原理

分离体高速旋转后产生更大的离心力，并改变物料的进出口方式，从而实现物料的连续、稳定分离，如图 2-8(c)所示。牛乳通过分布孔进入碟片组，稀奶油（脂肪球）比脱脂乳的密度小,在通道内朝着转动轴的方向运动,通过轴口连续排出。脱脂乳向外流动到碟片组的空间,进而通过最上部的碟片与分离钵锥罩之间的通道排出,如图2-8(d)所示。

常见的三相碟式离心机主要有机械传动(水平轴系和垂直轴系)、分离筒、控制阀、进出料装置和排污道等部分组成,如图2-9所示。

二维码21

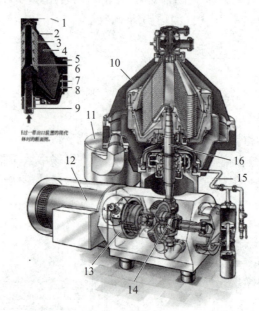

1—出口泵;
2—钵罩;
3—分配孔;
4—碟片组;
5—锁紧环;
6—分配器;
7—滑动钵底部;
8—钵体;
9—空心钵轴;
10—机盖;
11—沉渣器;
12—电机;
13—制动;
14—齿轮;
15—操作水系统;
16—空心钵轴

图2-9 三相碟式离心机结构

分离钵的沉降空间里收集的固体杂质有稻草、毛发、乳房细胞、白血球(白细胞)、红血球、细菌等。牛乳中的沉渣总量是变化的,但一般约为1 kg/10 000 L(取决于牛奶杂质度)。沉渣容积的变化取决于分离机转鼓容渣腔(图2-9中钵体所示位置)的尺寸,典型的是10~20 L。在牛乳分离的过程中,通常每30~60 min排出固体杂质一次。

6. 均质

(1)均质的概念 将乳中脂肪球在强力的机械作用下破碎成小的脂肪球,使之均匀分散的过程。均质机理有以下3个方面:

① 剪切作用:颗粒高速度通过均质头中的窄缝时,由于涡流而对脂肪产生剪切作用,使脂肪球破碎。

② 空穴作用:液体静压降至扩散相的蒸汽压力之下,在液体内部产生局部瞬时真空,形成空穴现象,使颗粒爆裂而粉碎。

③ 撞击作用:颗粒以高速冲击均质阀而破碎。

通过均质处理,可减小乳中脂肪球的半径。均质乳具有下列优点:风味良好,口感细腻;储存期间不产生脂肪上浮现象;改善乳的消化、吸收程度,适于喂养婴幼儿。通常牛乳中,75%的脂肪球直径为2.5~5.0 μm,其余为0.1~2.2 μm,平均为3.0 μm。均质后的脂肪球直径大部分在1.0 μm以下。实践证明,当直径接近1.0 μm时,脂肪球基本不上浮。所以,脂肪球的大小对乳制品加工的意义很大。

(2) 均质的方法及条件　均质效果与温度有关,而高温下的均质效果优于低温下的。如果采用板式杀菌装置,采用高温短时或超高温瞬时杀菌工艺,则均质机装在预热段之后、杀菌段之前。温度宜控制在50~65℃,乳脂肪处于熔融状态,脂肪球膜软化,有利于提高均质效果。实际生产分一级均质(打碎脂肪)和二级均质(打散脂肪),如图2-10所示。一级均质指料液通过一个均质阀,被均质了一次。一级均质主要使脂肪球破碎,破碎后的小脂肪球有聚集的倾向。通常,一级均质用于低脂产品和高黏度产品的生产。二级均质是指让料液连续经过两个均质阀,被连续均质两次,适用于高脂、高干物质和低黏度产品的生产。

图2-10　均质效果图

均质可以是全部的,也可以是部分的。部分均质指的是仅对标准化时分离出的稀奶油进行均质,是比较经济的方法。

(3) 均质设备　常用的均质设备有高压均质机、离心式均质机等,如图2-11所示。一般均质压力为16.7~20.6 MPa。使用二段均质机时,第一段均质压力为16.7~20.6 MPa,第二段均质压力为3.4~4.9 MPa。

二维码22

(a) 高压均质机　(b) 高剪切旋转式均质机　(c) 离心式均质机　(d) 喷射式均质机　(e) 胶体磨

图2-11　常见均质机

高压均质机,如图2-12所示,主要由三柱塞往复泵、均质阀、传动机构和壳体构成。当柱塞向右运动时,吸料;当柱塞向左运动时,排料。高压泵柱塞的运动由轴等速旋转通过连杆滑块带动。

(4) 均质效果检查　均质后必须防止脂肪上浮,如果均质后仍然出现大量的脂肪上浮,就失去了均质的意义。因此,检查均质效果至关重要。均质效果检查的方法有以下5种。

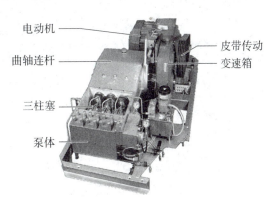

图2-12　高压均质机结构

二维码23

① 显微镜检查：一般采用100倍的显微镜，用油镜镜检，直接观察均质后乳脂肪球的大小和均质程度。这种方法直接并且快速，常在实际生产过程中使用；缺点是只能定性，不能定量，而且要有较丰富的实践经验。

② 均质指数法：用分液漏斗或量筒取250 mL均质乳样，置于4℃或6℃下保持48 h，然后检测上层1/10和下层9/10处的含脂率，最后根据公式算出均质指数。

③ 尼罗(NIZO)法：取25 mL乳样在半径2 500 mm、转速1 000 r/min的离心机内，于40℃条件下离心30 min。然后，取下层20 mL样品和离心前样品分别测量其含脂率，两者相除，再乘以100即得尼罗值。一般巴氏杀菌的尼罗值在50%～80%范围内。此法比较迅速，但精确度不高。

④ 激光测定法：激光光束通过均质乳样品时，其光的散射取决于脂肪球的大小和数量，然后将结果转化成脂肪球分布图即可。此法快速准确，但仪器昂贵，适用于新产品研发，不适于乳品厂。

⑤ 保质观察法：生产结束后，采取一定数量的样品，置于检查室内；每天检查产品或按规定时间检查产品，直到产品保质期结束，来确定均质的效果。

(5) 均质的优缺点

① 优点：脂肪球变小，不会形成奶油层；颜色更白，更易引起食欲；更强的整体风味，更好的口感；发酵乳制品具有更佳的稳定性。

② 缺点：均质乳不能再被有效地分离；增加了对光线和荧光灯的敏感性，可以导致"日照味"；不能用于生产半硬或硬质奶酪，因为凝块很软，难于脱水。

7. 巴氏杀菌

(1) 巴氏杀菌的目的

① 杀灭对人体有害的病原菌和大部分非病原菌，以维护消费者的健康。经巴氏杀菌的产品必须完全没有致病菌；如果仍有致病菌说明热处理没有达到要求。

② 抑制酶的活性，以免成品产生脂肪水解、酶促褐变等不良现象。

(2) 巴氏杀菌的方法　为保证杀死所有的致病微生物，必须加热到一定的温度。巴氏杀菌的温度和时间是非常重要的因素，应依照乳的质量和要求的保质期等精确规定。由于各国的法规不同，巴氏杀菌工艺也不尽相同，表2-4列出了生产巴氏杀菌乳的主要热处理方式。

表2-4　巴氏杀菌乳的主要热处理方式

工艺名称	温度/℃	时间	方式
初次杀菌（预杀菌）	63～65	15 s	
低温长时巴氏杀菌（牛乳）(LTLT)	63	30 min	间歇式
高温短时巴氏杀菌（牛乳）(HTST)	72～75	15～20 s	连续式
高温短时巴氏杀菌（稀奶油等）(HTST)	>80	1～5 s	
超巴氏杀菌(ultra pasteurisation)	125～138	2～4 s	
保持灭菌	115～120	20～30 min	

初次杀菌是为了杀死嗜冷菌（营养体），延长牛乳在冷藏条件下的保存时间；低温长时巴氏杀菌的杀菌效果有限，一般在 99% 以内，只能杀灭致病菌，对乳的品质影响小，目前工业上使用较少，且产品须冷藏；高温短时巴氏杀菌，细菌的残存率较低，牛乳的品质良好，产品需冷藏，保质期 7～10 天；超巴氏杀菌乳未达到商业无菌的要求，也没有无菌灌装，产品不能在常温下贮存和销售，需要很高的生产卫生条件和优良的冷链销售系统，保质期 7～10 天。

（3）巴氏杀菌设备　常用的巴氏杀菌设备有板式杀菌设备、列管式杀菌设备、盘管式杀菌设备、保温缸等。

乳制品的热处理大多用板式热交换器，如图 2-13 所示。板式热交换器由夹在框架中的一组不锈钢板组成，包括几个独立的板组，不同区段对应不同的处理阶段，如预热、杀菌、冷却等。根据产品要求的出口温度，热介质是热水，冷介质可以是冷水、冰水或丙基乙二醇。

二维码 24

图 2-13　板式热交换器

管式热交换器如图 2-14 所示，不同于板式热交换器，产品通道上没有接触点，可以处理含有一定颗粒的产品，颗粒的最大直径取决于管子的直径。超高温瞬时杀菌处理中，管式热交换器要比板式热交换器运行的时间长。管式热交换器有两种截然不同的类型：多个/单个流道、多个/单个管道。单管是指只有一个进口管允许颗粒直径小于 50 mm 的颗粒物料通过。多个/单个管子非常适用于高压、高温状况下的物料加工。

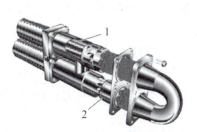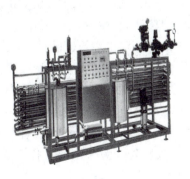

图 2-14　管式热交换器

8. 冷却

经杀菌后仍有部分细菌存活,加之以后的各项操作中还有被污染的可能,因此乳经杀菌后应立即冷却至5℃以下,以抑制乳中残留细菌的繁殖,提高产品的保存性能,也可以防止因温度高而使黏度降低,导致脂肪球膨胀、聚合上浮。凡连续性杀菌设备处理的乳,一般都直接通过热回收部分和冷却部分冷却到2～4℃。非连续式杀菌时需采用其他方法加速冷却。

冷却后的乳一般储存在保温/夹套冷却保温容器中,等待进入灌装工序;分装后牛乳如不能及时配送及销售,应贮存在5℃以下的冷库内。

9. 灌装

(1) 灌装的目的　便于分销及消费者饮用,还能防止污染,降低食品腐败和浪费,保持杀菌乳的原有风味和防止吸收外界气味而产生异味,减少维生素等营养成分的损失以及传播产品信息。

巴氏杀菌乳采用超净罐系统灌装,借助纸盒、塑桶、塑瓶、纸杯,以及洁净灌装机、喷码机、贴管机和自动封箱机,完成灌装及包装等操作。

(2) 灌装容器　我国乳品厂最早使用的容器是玻璃瓶,随着行业的发展、科技的进步,容器品种开始多样化,有玻璃瓶、塑料瓶、塑料袋、塑料夹层纸盒和涂覆塑料铝箔纸等,如图2-15所示。

玻璃瓶	塑料瓶	塑桶	复合塑膜袋	纸杯	屋顶盒
环保、能重复使用、成本较低	易携带、保质期长、易贮存	大容量包装,适合家庭消费	包装品种多,性能各异	美观时尚,容量较小,更卫生	卫生及环保性好,货架展示效果好

图2-15　乳制品常见灌装容器

(3) 灌装过程中的注意事项

① 灌装前灌装设备应用95℃热水预消毒20 min(≥15 min)。

② 灌装间空气应保持正压,有净化和消毒设备(推荐:与准洁净区之间的压差应不小于5 Pa,洁净区与一般作业区的压差应不小于10 Pa;洁净区温度≤25℃,湿度控制在≤65%;ISO7级换风次数应≥20次/h,ISO8级换风次数应≥15次/h)。

③ 防止灌装过程中二次污染。

④ 尽量减少灌装过程中料液温度升高。

⑤ 包装材料杀菌处理,一般用紫外线。

⑥ 员工着装规范符合GB 12693乳制品良好生产规范,操作人员要戴口罩,不戴首饰,头发全部装到工作帽内。

10. 入库冷藏

灌装好的产品应及时分送给消费者。如不能立即发送,应储存于2～6℃冷库内。巴氏杀菌乳的储存和分销过程必须保持冷链的连续性。从乳品厂至商店的运输过程及产品在商店的储存过程是冷链的两个最薄弱的环节。应选用保温密封车甚至冷藏车运输，产品在装车、运输、卸车和最后运至商店的过程中，全程保持冷链，全程温度监控。

我国巴氏杀菌乳在2~6℃的储藏条件下保质期为1周，欧美国家巴氏杀菌乳的保质期稍长，在15天左右。

11. 成品检验

根据国标 GB 19645 进行检验。检验分出厂检验和型式检验两种，出厂检验由工厂的质检化验部门按照出厂检验项目执行；型式检验是产品标准中规定的全部技术要求，由上级质检部门定期检验，或由加工单位委托资格部门检验。感官指标和微生物指标不合格不得复检；理化指标不合格可以复检；只有感官指标、理化指标、微生物指标全部符合标准要求，方可下发产品合格证书，准予市场销售。

任务实施

1. 分小组在乳制品加工技术 VR 系统中完成巴氏杀菌乳的加工操作，绘制巴氏杀菌乳生产工艺流程图。在流程图上标注生产设备、工艺参数和工艺关键点等内容。

2. 依照下列操作规程分组完成巴氏杀菌机的杀菌操作：

① 生产前检查：观察数字式温度调节仪指示值是否正常；查看是否已开通压缩空气源；调整压力在 0.6 MPa；检查杀菌机原料进料及去高位的出料管道阀门是否开启、转接正确；检查高位系统进料蝶阀是否打开，出料蝶阀是否相应打开。

② 设备在每次生产前应严格消毒。

③ 调节回流阀至回流状态（能见到回流阀的阀杆提起），开启物料泵和热水泵。稍后开启均质机，将均质机调到要求的压力。设备自身循环约 15~20 min。

④ 消毒结束时先打开冷却水和冰水阀，使回流水温下降并接近进料温度；然后，将回流管转到排污槽。

⑤ 杀菌结束，可以进料。开启离心泵，待物料槽内的消毒水快放完时，将进口气动蝶阀控制打到自动状态，待料液将消毒水全部顶出后，将回流管转回至物料槽；带杀菌温度恒定后将物料回流选择按钮转至出料位置，同时检查冰水阀门开启度是否合适，控制出料温度满足工艺要求。

⑥ 生产结束，调配系统顶料。顶料完毕，打开杀菌机纯水进口蝶阀，待高位罐进口处视镜显示为纯水时，杀菌机停止，选择按钮转至回流位置。待杀菌机内全为纯水时将回流管拨至物料槽内。将温度调整降低，设备待清洗。

3. 请每小组依照下列操作规程，完成高压均质机的均质操作：

（1）使用前的准备 在生产前，高压均质机应彻底清洗与消毒，以防止微生物繁殖，程序如下。

① 均质阀及相关管路全部拆下，用温水将污垢刷洗干净。

② 将各零件用热碱水（65℃左右）刷洗一遍，再用温水冲洗除去碱渍。

③ 将洗净的零件及机身有关部分用蒸汽直接喷射一遍，然后将零件装妥。

④ 开动电动机。将沸水吸入均质机，10 min 左右循环消毒，再排尽积液。

(2)操作流程

①启动前:检查运动部件是否有卡阻及松动现象、各紧固件是否紧固、油箱内油位是否正常,并接通冷却水管,检查电气装置。无误后,可点动一下,核对大带轮的转动方向。打开进料管上的阀门。启动电动机,经进水放气后,调整各处压力至正常值,运转一段时间,确认一切正常后,即可正式运行。

②停机前:放松压力调节阀,降低压力,然后关闭电动机,待泵停止工作后,再关闭进、出料阀门。

③停机后:立即清洗,可用温水、碱水依次循环清洗,再用90℃左右热水消毒10 min。长期不用应彻底清洗。

任务评价

项目	知识	技能	态度
评价内容	本任务你主要学习了哪些知识?你最感兴趣的是哪一个知识点?	在该任务的学习中,你获得了哪些技能?你还有哪些困惑?	本任务所学对你有所助益或启发吗?你觉得如何才能将理论运用于实践?
评分: ☆零散掌握 ☆☆部分掌握 ☆☆☆扎实掌握	□☆ □☆☆ □☆☆☆	□☆ □☆☆ □☆☆☆	□☆ □☆☆ □☆☆☆

能力拓展

1. 在教师的带领下参观乳制品工厂,近距离观看巴氏杀菌乳生产工艺流程;仔细观察原料乳的验收环节,了解生产车间中的各式加工设备;认真参观理化和微生物实验室,相互交流,对巴氏杀菌乳的生产工艺有更全面的认识。

在参观活动后填写:

(1)我参观的乳制品工厂名称是:_____。

(2)该乳品厂所生产的巴氏杀菌乳品种主要有:_____。

(3)我看到的巴氏杀菌乳生产设备主要有:_____,我对_____设备最感兴趣。

(4)我对巴氏杀菌乳有了新的认识:_____。

知识链接

延长保质期乳

ESL(extended shelf life)乳即延长保质期乳,是在7℃及以下具有良好储存性的新鲜液体乳制品。ESL的本义是延长(巴氏杀菌)产品的保质期,比巴氏杀菌采用更高的杀菌温度(即超巴氏杀菌),并且尽最大的可能避免产品在加工、包装和分销过程的再污染。这需要较高的生产卫生条件和优良的冷链分销系统。一般冷链温度越低,产品保质期越长,典型的超巴氏杀菌条件为 125~130℃、2~4 s。

延长保质期乳的保质期有 7~10 天、30 天、40 天,甚至更长,这主要取决于产品从原料到分销的整个过程的卫生和质量控制。无论超巴氏杀菌强度有多高,生产的卫生条件有多好,延长保质期乳本质上仍然是巴氏杀菌乳,与超高温灭菌乳有根本的区别。首先,超巴氏杀菌产品并非无菌灌装;其次,超巴氏杀菌产品不能在常温下储存和分销;第三,超巴氏杀菌产品不是商业无菌产品。这里介绍生产延长保质期乳的两种方法。

1. 板式热交换器法

板式热交换器采用超巴氏杀菌法,温度一般为 115~130℃。在 120℃ 左右,产品只需经受 1 s 或更短的处理即可达到一般巴氏杀菌的杀菌效果。它精确控制时间、温度之间的关系,可使杀菌时间控制在 0.2 s 内,延长保质期目的的同时,也最低程度地减少了热处理对牛乳的破坏。

2. 离心、微滤与巴氏杀菌相结合的方法

巴氏杀菌生产设备补充一台离心除菌机或微滤装置,目前已有商业应用,如利乐公司的 Alfa-Laval Baocatch 设备,将离心与微滤相结合。微滤膜的孔径为 1.4 μm 或更小,可以减少细菌和芽孢 99.5%~99.99%。如此小的孔径也同时截流了乳脂肪球,因此微滤机进料前要先用离心机分离,脱脂乳送到微滤机。含脂率 40% 稀奶油在 130℃ 条件下灭菌数秒钟,与过滤后的脱脂乳重新混合,经均质并在 72℃ 条件下巴氏杀菌 15~20 s,然后冷却到 4℃ 再灌装。这种方法只是部分乳经受高温度处理,其余乳(主体)仍维持在巴氏杀菌的水平,产品口感、营养都更加完美,保质期又可适当地延长。如果牛乳从乳品厂经零售商到消费者手里,整个过程牛乳的温度不超过 7℃,则未开启包装的产品保质期可达到 40~45 天。

提示 巴氏杀菌乳在贮存与分销过程中应该注意哪些问题?

在巴氏杀菌乳的贮存与分销过程中,必须保持冷链的连续性,尤其是出厂转运过程和产品的货架贮存过程是冷链的两个薄弱环节。

巴氏杀菌乳在贮存分销时须注意:小心轻放,远离有异味的物质及易滋生虫害的场所,避光,防尘和避免高温,避免强烈振动等。

知识与技能训练

1. 知识训练

① 简述净乳的目的与方法。
② 简述离心净乳机的工作原理。
③ 简述巴氏杀菌系统和常见的巴氏杀菌设备。
④ 什么是原料乳的标准化?简述标准化的方法。
⑤ 现有 100 kg 脂肪含量为 0.5% 的脱脂乳,另有脂肪含量为 40% 的稀奶油。现要制备脂肪含量为 3.0% 的标准化乳,问需要在脱脂乳中添加多少千克的稀奶油才能制成标准化乳?
⑥ 简述均质的目的、特点和均质作用原理。
⑦ 介绍常见的灌装容器和灌装设备。

2. 技能训练

根据巴氏杀菌乳的生产工艺流水线,如图2-16所示,介绍相关设备和工艺操作。

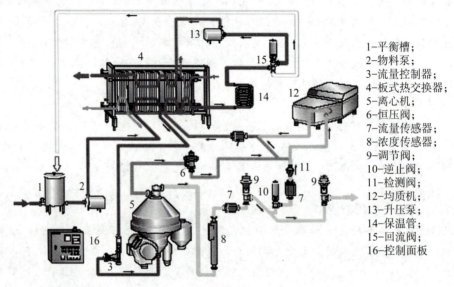

1—平衡槽;
2—物料泵;
3—流量控制器;
4—板式热交换器;
5—离心机;
6—恒压阀;
7—流量传感器;
8—浓度传感器;
9—调节阀;
10—逆止阀;
11—检测阀;
12—均质机;
13—升压泵;
14—保温管;
15—回流阀;
16—控制面板

图2-16 巴氏杀菌乳的生产工艺流水线

任务3 灭菌乳加工

任务描述

在日常生活中,我们已经有意识地将鲜牛奶及时放入冰箱,而常温奶就置于常温、避光、干燥处即可。很多同学会更偏爱购买各种品牌的常温奶,因为携带方便,随时随地都能饮用,最关键的是,常温奶的保质期较鲜牛奶而言要长得多。那么,同学们想知道常温奶是如何生产出来的吗?它又采取了何种灭菌方式呢?

知识准备

一、超高温灭菌的技术原理

超高温灭菌法由英国于1956年首创,1965年英国的Burton发表了详细的研究报告。细菌的热致死率随着温度的升高大大超过此间牛乳的化学变化的速率,例如,维生素破坏、蛋白质变性及褐变速率等。研究表明,在温度有效范围内,热处理温度每升高10℃,牛乳中所含细菌的破坏速率提高11~30倍。然而,温度每升高10℃,乳中化学反应速率约增大2~4倍,而褐变现象仅增大2.5~3.0倍。这意味着杀菌温度越高,其杀菌效果越好,而引起的化学变化却很小。

二、超高温灭菌乳的加工

(一)超高温灭菌乳的生产工艺流程

超高温瞬时灭菌(UHT)乳的生产工艺流程如图2-17所示。

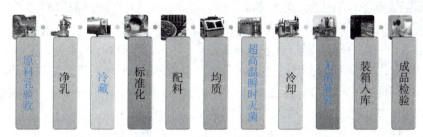

图2-17 超高温瞬时灭菌(UHT)乳的生产工艺流程

(二)超高温灭菌乳生产工艺解析及操作要点

1. 原料乳的验收

国标规定,灭菌乳生产所用的原料可以是牛乳、羊乳和复原乳。用于生产灭菌乳的牛乳必须新鲜,酸度极低,盐类平衡正常,乳清蛋白含量(不得含初乳)正常。牛乳必须至少在75%的酒精浓度中(牛乳量∶酒精量=2∶1)保持稳定。

2. 净乳、冷藏、标准化

该三道工序的操作同巴氏杀菌乳的加工操作。

3. 预巴杀

待原料乳标准化完毕后,先巴氏杀菌处理;牛乳液冷却至4℃以下,激活芽孢,以便后续灭菌更加彻底。

4. 均质

同巴氏杀菌乳的均质操作。

5. 超高温瞬时灭菌(包含冷却段)

灭菌工艺要求杀灭乳中全部的微生物,而且对产品的颜色、滋味、气味、组织状态及营养品质的损害降到最低限度。然而,牛乳在高温下保持较长时间,会产生一些化学反应,如蛋白质同乳糖发生美拉德反应;蛋白质发生某些分解产生不良气味,如焦糖味;某些蛋白质变性而沉淀。这些都是生产灭菌乳所不允许的。超高温灭菌可采用不同的加热温度与时间组合。

(1)直接蒸汽加热法 先预热后,将蒸汽直接喷射入牛乳中,乳在瞬间加热到140℃,然后进入真空室,由于蒸发而立即冷却,最后在无菌条件下均质、冷却。牛乳温度变化如下:原料乳(5℃)→预热至75℃→蒸汽直接加热至140℃(保温4 s)→冷却至76℃→均质(压力15~25 MPa)→冷却至20℃→无菌储罐→无菌包装。

乳与加热蒸汽直接接触,蒸汽被冷凝于乳中,使乳中干物质含量减少;进入真空室闪蒸时,乳中的水分有一部分蒸发。在工艺及设备设计时,控制冷凝水量与蒸发量相等,则乳中干物质含量可以保持不变。牛乳的预热和冷却可采用管式或板式热交换器。

（2）间接加热法　乳在板式热交换器内被高温灭菌乳预热至66℃（同时高温灭菌乳被冷却），然后经过均质机，在15～25 MPa的压力下均质。

牛乳经预热及均质后，进入板式热交换器的加热段，由热水系统加热至137℃，热水温度（139℃）由喷入热水中的蒸汽量控制。然后，137℃的热乳进入保温管保温4 s。

离开保温管后，灭菌乳进入无菌冷却段被水冷却。从137℃降温至76℃，最后进入回收段，被5℃的进乳冷却至20℃。牛乳温度变化如下：原料乳（5℃）→预热至66℃加热至137℃（保温4 s）→水冷却至76℃→进乳冷却至20℃→无菌储罐→无菌包装。

间接加热灭菌时，牛乳的预热、加热灭菌及冷却在同一个板式热交换器的不同交换段内进行，牛乳不同加热或冷却介质接触，可以保证产品不受外来物质污染。进乳加热和出乳冷却换热，回收热量达85%，可大大节省能源及冷却用水。

间接法和直接法一样，工艺条件必须严密控制。在投入物料之前，先用水灌入物料系统循环加热，达到或略超过灭菌温度，将设备灭菌30 min，操作时由定时器自动控制。如果灭菌过程中，温度达不到灭菌条件，定时器回到零，待达到温度后，再重新开始计时至30 min，可保证投料前设备的无菌状态。

经超高温灭菌及冷却后的灭菌乳应立即在无菌条件下连续地从管道内送往包装机。为了平衡灭菌机及包装机生产能力的差异，并保证在灭菌机或包装机中间停车时不相互影响，可在灭菌机和包装机之间装一个无菌储罐，起缓冲作用。

6. 无菌灌装

二维码27

图2-18　无菌包装灌装机

UHT灭菌乳多采用无菌包装，将杀菌后的牛乳，在无菌条件下装入事先灭过菌的容器内。该过程包括包装材料或包装容器的灭菌，适用于利乐枕的无菌包装灌装机如图2-18所示。由于产品要求在非冷藏条件下具有长货架期，所以包装也必须提供完全防光和隔氧保护。这样长期保存牛奶的包装需要有一个薄铝夹层，夹在聚乙烯塑料层之间。无菌包装的UHT灭菌乳在室温下可储藏6个月以上。

（1）包装容器的灭菌方法　用于灭菌乳包装的材料较多，但生产中常用的有复合质塑料包装纸、复合挤出薄膜和聚乙烯吹塑瓶。容器灭菌的方法也有很多，包括物理法（紫外线辐射、饱和蒸汽）和化学试剂法（双氧水）。

（2）无菌灌装系统的类型　无菌灌装系统形式多样，主要体现在包装容器形状不同、包装材料不同和灌装前灌装容器是否预成型。无菌纸包装系统广泛应用于液体乳制品，包装所用的材料通常是纸板内外都覆以聚乙烯。这样包装材料能有效地阻挡液体的渗透，并能良好地进行内、外表面的封合。

（3）确保无菌灌装时的卫生　无菌灌装系统是生产UHT产品所不可缺少的。无菌包装必须符合以下要求：

① 封合必须在无菌区域内进行，灌装过程中产品不能受到来自任何设备表面或周围环境等的污染。

② 包装容器和封合方法必须适合无菌灌装，并且封合后的容器在贮存和分销期间必须

能够阻挡微生物透过,包装容器应能阻止产品发生化学变化。

③ 容器和产品接触的表面在灌装前必须经过灭菌。

④ 若采用盖子封合,封合前必须灭菌。

(4) 影响灭菌效果的因素

① 原料乳污染程度,污染严重的原料乳灭菌效果差。

② 选用的方法不合适,致使灭菌效果差。

③ 灭菌工段的设备、管道、阀门、贮藏、过滤器等器具清洗消毒不彻底,影响灭菌效果。

④ 未能严格执行工艺条件和操作流程,严重影响灭菌效果。

⑤ 杀菌器的传热效果不良,如板式杀菌器污垢增厚,传热系数降低,影响灭菌效果。

⑥ 杀菌器本身的故障等。

无菌灌装技术的诞生是一场划时代的变革,采用无菌包装的产品无须冷藏,保质期又长,解决了长途运输对产品保质期的挑战,避免了食品的浪费。由于生产、运输、零售、存贮、消费的整个过程中不需要冷链设备,对于保护社会的大环境,具有积极的意义。

7. 装箱入库

装箱要做到数量准确、摆放整齐、封口严密、正确打印生产日期。

8. 成品检验

按照国标 GB 25190、GB 5408.2 检验,同时做保温实验,温度为 32 ± 2℃、时间为 7 天,然后检验。检验合格后方可投放市场销售。因为超高温灭菌乳达到了商业无菌的要求,可以在常温下贮存、运输和销售。

三、灭菌乳生产中易出现的问题及对策

超高温灭菌乳(UHT)产品常见的质量缺陷有胀包、有菌不胀包、酸包、苦包、色变、分层、凝块和沉淀等。导致这些产品质量缺陷的原因,主要有配方工艺、设备 CIP 清洗设备的完好率、奶源等问题。

1. 胀包

胀包指液体包装食物在贮存期间,由于微生物繁殖代谢产气,使产品包装膨胀的现象,胀包有时伴随着酸包出现。产品胀包是由于产品内的细菌在作怪,产生的原因大致有以下 4 种。

(1) 灭菌不彻底　有些企业对于设备的维修管理制度贯彻不力。例如,超高温灭菌机的管道橡胶密封圈老化,造成漏水、漏奶、漏气,就会导致产品灭菌不彻底。

(2) 无菌包装机的横封、竖封不好　有的可能是封口的加热温度过热或者过冷,有的是封口机的 PP 条上有污物或者有油,都会造成封口不好,导致产品污染后胀包。

(3) 堆放不合理　产品在加工或分销时,由于运输环节不小心,无限制地堆高,或者堆放不合理,造成产品外包装变形,内包装铝铂产生裂痕,导致产品胀包。

(4) 企业仓储条件不好　不注意仓储卫生,使产品遭受鼠害、虫害等,也会导致大批量的胀包。

对于上述胀包现象,解决的方法就是要加强设备维修,加强产品仓储和分销运送环节的管理。只有提高企业的管理水平,才能降低产品的胀包率。

2. 有菌不胀包

有菌不胀包这种现象大批量地发生在 UHT 产品中。其原因既不是灭菌机的灭菌效力问题,也不是原料奶中的耐热芽孢菌超标,而是原料奶的细菌总数过高,导致原料奶热稳定差。设备管道大量结垢,CIP 清洗和回用水等方面的管理又跟不上,在设备管道的奶垢中培养了一种特殊细菌,使 UHT 产品从商业无菌变成了商业有菌,导致企业坏包率在一段时间内高达 80% 以上。还有一种原因是原料奶中的耐热芽孢菌超标,影响了灭菌机的灭菌效力,造成厌氧耐热芽孢菌残留在产品内,导致个别产品有细菌但不胀包。要解决上述产品的质量缺陷,重点要抓好两个环节:

① 降低原料奶的细菌总数,特别是耐热芽孢菌总数。
② 注重加工设备的 CIP 清洗环节。

3. 酸包

酸包指液体包装食品,在储存期间由于微生物及生化作用使产品 pH 值降低,口味变酸的现象。除了人工调酸和乳酸菌发酵产品以外,UHT 产品不应该出现酸包。出现酸包的原因有以下两个方面。

(1) 产品在加工过程中造成后污染　产品内有厌氧芽孢菌,在缺氧的条件下也能生长,但它不产生气,所以不胀包。但是,随着细菌数的增加,会使产品逐步变酸,pH 值一般在 5.5~5.8 之间,即为酸包。

(2) 磷酸酶的作用　产品存放 1 个月后,发现有批量的酸包,但检测结果没有发现任何细菌,这是产品中的磷酸酶在作怪。磷酸酶的特性是耐高温,在 180℃ 高温下加热数秒也不能使它钝化;即使将其钝化了,在常温下保存时,仍然能够复活。但是,在我国的牛奶中,大批量由于磷酸酶的原因导致产品酸包的现象很少。解决 UHT 产品酸包的方法,就是要进一步了解 CIP 清洗的原理,掌握设备的清洗环节和关键控制点,才能保证产品不出现酸包和少出现酸包。

4. 苦包

苦包指液体包装食品,在贮存期间由于微生物繁殖代谢产生苦味导致产品变苦、变质。UHT 产品中会经常发现少量的苦包。造成苦包的原因来自两个方面。

(1) 原料奶中体细胞含量过高　有些牛奶中的体细胞数高达 $1×10^6$/mL 以上,国际标准是牛奶体细胞在 $4×10^5$/mL 以内。体细胞来自老化牛群乳、乳房炎乳、抗生乳、初乳和末乳。因此,上述 5 种乳必须分开存放,若混进常乳中就会引起牛奶中的体细胞数过高。如果使用体细胞数过高的原料奶,不但会使 UHT 产品出现分层凝块和一定批量的苦包,而且会缩短产品的保质期。体细胞内含有 6 种生物酶,即脂酶、磷酸酶、过氧化氢酶、过氧化物酶、还原酶和蛋白酶。其中,脂酶和蛋白酶对货架期长的产品保存品质有影响,经过超高温灭菌机 137℃、4~5 s 的高温处理,尽管能够使这两种酶钝化,但在常温下保存较长时间,它们仍然能够复活。脂酶将使产品分层、脂肪上浮、分解氧化、产生怪味,甚至臭味;蛋白酶能使产品凝块、沉淀,甚至苦包。通常,产品的保质期为 1~6 个月,但是,当贮存到 3 个月后,尽管产品内没有细菌,但牛奶的感官状态已经相当差了,这就是脂酶和蛋白酶的破坏作用。

(2) 嗜冷菌污染　嗜冷菌也称为假单孢菌,这种细菌在低温下 −30~5℃ 的环境中都能繁殖生长,繁殖的过程中还会产生副产品,即脂肪酶。如果 UHT 产品的原料奶中嗜冷菌超标,产品在两三个星期内会出现苦包。这是嗜冷菌在繁殖过程中产生的副产品脂肪酶和蛋白酶造成的。这两种由细菌分离出来的酶相当耐热,即使灭菌条件提高到150℃,在数秒内也不能将它们全部杀死。脂肪酶会使产品脂肪上浮,产生白色小颗粒造成牛奶挂壁;蛋白酶会使蛋白质变性,形成凝块,使牛奶味发苦。要解决上述产品缺陷,应重点控制原料奶中的体细胞含量和嗜冷菌数。牛奶中的体细胞含量应控制在 $4×10^5$/mL 以内,最多不超过 $5×10^5$/mL;嗜冷菌数最好控制在 1 000/mL 以内,最多不超过 $1×10^4$/mL。否则,产品的坏包率会提高,货架期会缩短。

5. 色变、分层、沉淀

UHT 产品色变、分层、沉淀等缺陷产生的原因主要在产品的配方工艺上。

(1) 色变　牛奶的颜色应该是微黄色或奶白色的,有的 UHT 纯奶变成了棕色,这是灭菌过度造成的。牛奶色变的原因是企业设备不配套,产品回流过大造成多次反复灭菌,是超高温灭菌或者高温段保温时间过长,使牛奶发生美拉德反应,导致乳糖褐变使牛奶变成棕色。

(2) 分层、沉淀　主要是产品的加工不当造成的。

任务实施

1. 分小组绘制灭菌乳生产工艺流程图,在流程图上标注生产设备、工艺参数和工艺关键点等内容。

2. 小组协作,拆解灭菌乳样品的无菌包装复合材料。完成表 2-5。

表 2-5　无菌包装复合材料分析表

层数	材料名称	备注

3. 小组讨论:巴氏杀菌奶、UHT 奶与原奶,谁的营养更好?为什么?

任务评价

项目	知识	技能	态度
评价内容	本任务你主要学习了哪些知识?你最感兴趣的是哪一个知识点?	在该任务的学习中,你获得了哪些技能?你还有哪些困惑?	本任务所学对你有所助益或启发?你觉得如何才能将理论运用于实践?

(续表)

项目	知识	技能	态度
评分： ☆零散掌握 ☆☆部分掌握 ☆☆☆扎实掌握	□☆ □☆☆ □☆☆☆	□☆ □☆☆ □☆☆☆	□☆ □☆☆ □☆☆☆

能力拓展

1. 请同学们在教师的带领下，认识利乐品牌的超高温灭菌设备（如图 2-19 所示），了解更多的关于利乐超高温灭菌的方法。

(a) 间接超高温灭菌单元 DE

(b) 间接超高温灭菌单元 DC

(c) 直接超高温灭菌设备

(d) 配有管式热交换器的间接式超高温灭菌机 PFF

(e) 配有刮板式热交换器的间接式超高温灭菌机 PFF

(f) 配有盘管式热交换器的间接式超高温灭菌机 PFF

图 2-19 利乐超高温灭菌设备

知识链接

带你了解调制乳的加工

典型调制乳的加工工艺流程如图 2-20 所示。调制乳加工操作要点：

（1）原料乳验收 一般原料乳酸度应小于 18°T，细菌总数应控制在 200 000 CFU/mL 以内。超高温产品还应控制乳的芽孢数及耐热芽孢数。若采用乳粉还原来生产风味乳饮料，乳粉也必须符合标准后方可使用。

（2）乳粉还原 首先将软化的水加热到 45~50℃，然后通过乳粉还原设备还原乳粉，待乳粉完全溶解后，停止罐内的搅拌器，在此温度下水合 20~30 min。

（3）巴氏杀菌 待原料乳检验完毕或乳粉还原后，先进行巴氏杀菌，同时将乳液冷却至 4℃。

（4）配料 根据配方，准确称取各种原辅料。糖处理的一种方法是用奶溶糖净乳，另一种是先将糖溶解于热水中，95℃保持 15~20 min，冷却，再经过滤后泵入乳中。蔗糖酯溶于水后加入。

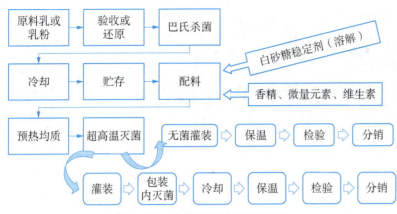

图 2-20 典型调制乳的工艺流程

若采用优质鲜乳为原料,可不加稳定剂。但是,在大多数情况下采用乳粉还原时,则必须使用稳定剂。最后加入香精,充分搅拌均匀。

(5) 均质 各种原料在调和罐内调和后,用过滤器除去杂物,高压均质,均质压力为 10~15 MPa。

(6) 超高温灭菌 与 UHT 乳一样,通常采用 137℃、4 s 灭菌。在超高温灭菌设备内应包括脱气和均质处理装置。通常均质前先进行脱气,脱气后温度一般为 70~75℃,然后再均质。

提示 乳制品包装上标注的日期是什么日期?

国家质量监督检验检疫总局于 2006 年 12 月 25 日发布《关于严格液态奶生产日期标注有关问题的公告》(2006 年第 186 号)。公告规定,自 2007 年 1 月 1 日起,液态奶产品包装的显著位置必须清晰标明其生产日期和安全使用期或者失效日期,并特别指明,生产日期应当标注为该产品的灌装日期。

知识与技能训练

1. 知识训练
① 简述超高温灭菌的技术原理。
② 常用的超高温灭菌加工方法有哪些?
③ 简述无菌包装的要求。
④ 灭菌乳在加工和储藏过程中常会发生哪些变化?

2. 技能训练
绘图并说明超高温灭菌乳的加工工艺流程及工艺要点。

项目二
发酵乳的加工

知识目标

1. 概述发酵乳的分类、营养价值和质量安全要求。
2. 复述发酵剂的概念、种类、作用及特性。
3. 说出影响发酵剂活力的因素及发酵剂质量控制措施。
4. 概述凝固型酸奶和搅拌型酸奶的生产工艺流程。
5. 分析酸奶生产中的操作要点、常见的质量问题及控制措施。

技能目标

1. 能借助标准文件对酸奶样品进行感官评定和品质检验。
2. 能按标准完成搅拌型和凝固型酸奶的加工。

任务1 认识发酵乳

任务描述

与鲜牛奶相比,很多同学更偏爱酸奶。你知道酸奶的历史吗?你了解酸奶的营养价值吗?你在选择酸奶的时候会有什么偏好?喜欢常温酸奶还是冷藏酸奶?喜欢原味酸奶还是各种风味酸奶?请跟随我们的步伐,一起去探秘酸奶的加工吧!

知识准备

一、发酵乳的术语和定义

采用 GB 19302 食品安全国家标准 发酵乳中的定义:发酵乳是以生牛(羊)乳或乳粉为原料,经杀菌、发酵后制成的 pH 值降低的产品。

酸乳是以生牛(羊)乳或乳粉为原料,经杀菌、接种嗜热链球菌和保加利亚乳杆菌(德氏乳杆菌保加利亚亚种)发酵制成的产品。

若在原料乳中添加一些其他原料,可加工成风味发酵乳。风味发酵乳以 80%以上生牛(羊)乳或乳粉为原料,添加其他原料,经杀菌、发酵后 pH 值降低,发酵前或后添加或不添加食品添加剂、营养强化剂、果蔬、谷物等制成的产品。

风味酸乳是以 80%以上生牛(羊)乳或乳粉为原料,添加其他原料,经杀菌、接种嗜热链球菌和保加利亚乳杆菌(德氏乳杆菌保加利亚亚种)发酵前或后添加或不添加食品添加剂、营养强化剂、果蔬、谷物等制成的产品。

二维码 28

二维码 29

二、发酵乳的分类

根据成品的组织状态、口味、原料乳的脂肪含量、生产工艺和菌种的组成,通常将发酵乳(酸乳)分成不同种类。

1. 按成品的状态分类

(1)凝固型发酵乳 在包装容器中发酵的,成品呈凝乳状,如光明如实。我国传统的玻璃瓶和瓷瓶装的发酵乳即属于此类型。

(2)搅拌型发酵乳 将发酵后的凝乳在灌装前或灌装过程中搅碎,添加(或不添加)果料、果酱等制成的具有一定黏度的流体制品,如光明畅优。

另外,国外有一种基本组成与搅拌型发酵乳相似,但更稀且可直接饮用的制品称为饮用发酵乳。我国已有类似的饮用发酵乳。

二维码 30

二维码 31

2. 按成品的保藏温度分类

(1)低温发酵乳 在发酵过程中添加了多种益生菌菌种,当益生菌达到足够数量时,能起到改善肠道菌群的作用。但是,这些益生菌在低温下才能保存活性,即为低温发酵乳。

(2)常温发酵乳 为了能获得常温保存、保质期较长的发酵乳,在发酵后增加巴氏杀菌这一步,使其能在常温状态(4~25℃)下,保存长达 120 天。此类发酵乳即为常温发酵乳,如光明莫斯利安酸奶。

3. 按成品的风味分类

(1)天然纯发酵乳 以牛乳或乳粉为原料,脱脂、部分脱脂或不脱脂,经发酵制成的产品,不含任何辅料和添加剂。

(2)加糖发酵乳 在原料乳中加入糖并经菌种发酵而成。

(3)调味发酵乳 以牛乳或乳粉为主料,脱脂、部分脱脂或不脱脂,添加食糖、调味剂等辅料,经发酵制成。

(4) 果料发酵乳　果料发酵乳是以牛乳或乳粉为主料,脱脂、部分脱脂或不脱脂,添加天然果料等辅料,经发酵制成的产品。

(5) 复合型或营养型发酵乳　这类发酵乳通常强化了不同的营养素(维生素、食用纤维素等)或加入了不同的辅料(谷物、干果等)。在西方国家非常流行,常作为早餐饮品。

4. 按原料中的脂肪含量分类

FAO/WHO 规定,全脂发酵乳的含脂率为 3.0%,部分脱脂发酵乳为 0.5%～3.0%,脱脂发酵乳为 0.5%;发酵乳中非脂乳固体含量为 8.2%。

还有一种高蛋白发酵乳,其蛋白质含量一般在 7.5% 左右,例如法国的"希腊发酵乳"就属于这一类。

5. 按发酵后的加工工艺分类

(1) 浓缩发酵乳　浓缩发酵乳是将一般发酵乳中的部分乳清除去而得到的浓缩产品。

(2) 冷冻发酵乳　冷冻发酵乳是在发酵乳中加入果料、增稠剂或乳化剂,然后凝冻处理而得到的产品,所以又称为发酵乳冰淇淋。

(3) 充气发酵乳　充气发酵乳是发酵乳中加入稳定剂和起泡剂(通常是碳酸盐)后,经均质处理而成的发酵乳饮料。

(4) 发酵乳粉　发酵乳粉是在发酵乳中加入淀粉或其他水解胶体后,经冷冻干燥或喷雾干燥加工而成的粉状产品。

6. 按菌种分类

(1) 普通发酵乳　通常指仅用保加利亚乳杆菌和嗜热链球菌发酵而成的产品。

(2) 双歧杆菌发酵乳　内含双歧杆菌,如法国的 Bio、日本的 Mil-Mil 等。

(3) 嗜发酵乳杆菌发酵乳　内含嗜发酵乳杆菌。

(4) 干酪乳杆菌发酵乳　内含干酪乳杆菌。

三、发酵乳的营养与食用

发酵乳除了和鲜奶一样具有高营养价值之外,鲜牛奶发酵制成发酵乳,发酵过程使奶中 20% 左右的糖和蛋白质分解成为小分子(如半乳糖和乳酸、多肽和氨基酸等)。奶中脂肪含量一般是 3%～5%。经发酵后,脂肪酸比原料乳增加 2 倍。这些变化使发酵乳更易被消化和吸收,各种营养素的利用率得以提高。酸乳和发酵乳由生乳或乳粉发酵而成,除保留了鲜牛奶的全部营养成分外,在发酵过程中乳酸菌还可产生人体营养所必需的多种维生素,如维生素 B_1、B_2、B_6、B_{12} 等。

特别是针对乳糖不耐受的人群,他们对乳糖消化不良,喝发酵乳就不会发生腹胀、气多或腹泻现象。鲜奶中钙含量丰富,经发酵后,钙等矿物质都不会发生变化,但发酵后产生的乳酸,可有效地提高钙、磷的利用率,所以酸奶中的钙、磷更易被人体吸收。

酸奶在食用过程中,要注意如下 6 点。

(1) 酸奶需冷藏　酸奶的主要成分是活性乳酸杆菌,它在 0～4℃ 的环境中存适期是静止的,但随着环境温度的升高乳酸菌会快速繁殖、快速死亡,就成了无活菌的酸性乳品,其营养价值会大大降低。含有活性乳酸菌的酸奶保质期较短,一般为两周左右,而且必须在

2～6℃下保存,否则容易变质。若一次购买几天的酸奶,应放在冰箱的冷藏室中,酸奶的保质期一般只有 7～14 天。

（2）饭后 2 小时左右饮用　适宜乳酸菌生长的 pH 值为 5.4 以上。空腹胃液 pH 值在 2 以下,如饮酸奶,乳酸菌易被杀死,保健作用减弱;饭后胃液被稀释,pH 值上升到 3～5。

（3）饮后及时漱口　酸奶中的某些菌种及其所含有的酸性物质,对牙齿的损害很大,容易引起龋齿。这是因为酸奶里的乳酸杆菌,易与唾液中的黏蛋白和食物残屑混合在一起,牢固地黏附在牙齿表面和窝沟中,形成菌斑,极容易造成牙齿釉质表面脱钙、溶解,形成龋齿。因此,饮用酸奶后要及时漱口。

（4）酸奶合理搭配其他食物　酸奶和很多食物搭配起来都很不错,特别是早餐配着面包、点心,有干有稀,口感好还营养丰富。不要和香肠、腊肉等高油脂的加工肉品一起食用。因为加工肉品内添加了硝,也就是亚硝酸,会和酸奶中的胺形成亚硝胺,是致癌物。酸奶还不宜和某些药物同服,如氯霉素、红霉素等抗生素和磺胺类药物等,它们可杀死或破坏酸奶中的乳酸菌。

（5）酸奶拒绝加热　饮用酸奶的适宜温度应在 10～12℃,这个温度能够保证酸奶的良好风味与口感,保证酸奶的营养物质不被破坏而得到充分吸收。酸奶中的活性乳酸菌,如经加热或开水稀释,便大量死亡,不仅特有的风味消失,营养价值也损失殆尽。某些老人或病人因怕凉不能直接饮用时,可适当隔水加温至 45～50℃即可。

（6）酸奶适合对象　酸奶虽好,但并不是所有人都适合食用。腹泻或其他肠道疾病患者在肠道损伤后喝酸奶时要谨慎。1 岁以下的小宝宝,也不宜喝酸奶,酸奶中由乳酸菌生成抗生素,虽能抑制和消灭很多病原体微生物,但同时也破坏了有益菌的生长条件,影响正常消化功能,尤其对肠胃炎的婴儿和早产儿更不利。此外,糖尿病人、动脉粥样硬化病人、胆囊炎和胰腺炎患者最好别喝含糖的全脂酸奶,容易加重病情。

四、发酵剂的概念和种类

（一）发酵剂的概念

发酵剂是制作发酵乳制品的特定微生物的培养物,内含一种或多种活性微生物。

（1）商品发酵剂　又称为乳酸菌纯培养物,一般指所购得的原始菌种。

（2）母发酵剂　商品发酵剂的初级活化产物。

（3）中间发酵剂　母发酵剂的活化产物,也是发酵剂生产的中间环节。

（4）工作发酵剂　又称为生产发酵剂,能直接应用于实际生产。

（二）发酵剂的种类

1. 根据其中微生物的种类分类

发酵剂可以分为混合发酵剂和单一发酵剂。

（1）混合发酵剂　由两种或两种以上的菌种按照一定比例混合而成,如发酵乳用传统发酵剂就是由保加利亚乳杆菌和嗜热链球菌以 1∶1 或 1∶2 的比例混合而成的,两种菌种的比例保持相对稳定,一般杆菌的比例较小,否则产酸太强。

（2）单一发酵剂　只含一种微生物的发酵剂。使用时,先单独活化,然后再与其他种类的菌种按比例混合使用。单一发酵剂的优点有很多：一是容易继代,且便于保持、调整不同菌种的使用比例;二是在实际生产中便于更换菌株,特别是在引入新型菌株时非常方便;三是便于选择性继代,如在果味发酵乳生产中,可以先接种球菌,一段时间后再接种杆菌;四是能减弱菌株之间的共生作用,从而减慢产酸的速度;最后,单一菌种在冷藏条件下容易保持性状,液态母发酵剂甚至可以数周活化一次。

2. 根据发酵剂的物理形态分类

可分为液态发酵剂、冷冻发酵剂和粉末状发酵剂。

(1) 液态发酵乳发酵剂　价格比较便宜,但由于品质不稳定且易受污染,已经逐渐被大型发酵乳厂家淘汰,只有一些中小型发酵乳工厂还在联合一些大学或研究所生产。

(2) 冷冻发酵乳发酵剂　价格比直投式发酵乳发酵剂便宜,菌种活力较高,活化时间也较短,但是运输和贮藏过程都需要 $-55 \sim -45$℃的特殊环境,费用比较高,使用受到限制。

(3) 粉末状发酵剂　一系列高度浓缩和标准化的冷冻干燥发酵剂菌种,多呈粉末状。不仅可以直接投入发酵罐中生产发酵乳,而且贮藏在普通冰箱中即可,运输成本和贮藏成本都很低,方便性、低成本性和品质稳定性特别突出。

3. 根据发酵剂的使用方法分类

可分为直投式发酵剂和继代式发酵剂。

(1) 直投式发酵剂　直投式发酵剂为一次性使用发酵剂,可直接用于生产,不需要经过活化、扩增。其主要特点是活菌含量高($10^{10} \sim 10^{12}$ cfu/g),保质期长,每批发酵产品质量稳定,也防止了菌种的退化和污染,大大提高了发酵乳制品工业的劳动生产率和产品质量。现在国内使用的直投式发酵剂大多从丹麦、法国、瑞典等国进口或分装。目前国外发酵乳的生产基本都采用直投式发酵剂,国内大型企业也全部或部分使用直投式发酵剂。使用直投式发酵剂是今后我国发酵乳生产的发展方向。直投式菌种的缺点,一是成本高(每 1 t 成本在 200 元以上),二是质量不稳定。

(2) 继代式发酵剂　由于自身活性较弱,不能直接用于生产,必须经过活化、扩培。它的特点是菌种的活化、制作过程较繁琐,稍有不慎就会产生杂菌污染或菌种变异等现象,发酵剂质量不统一。

五、发酵剂的制备和质量控制

1. 使用发酵剂的目的

使用发酵剂的目的有:分解乳糖产生乳酸;产生挥发性的丁二酮、乙醛等,使牛乳具有典型的风味;具有一定的降解蛋白质、脂肪的作用,使发酵乳更利于消化吸收;个别菌株能产生乳酸链球菌素等抗生素,能防止杂菌的生长。

2. 发酵剂用菌种的选择

发酵剂是发酵乳产品产酸和产香的基础和主要原因。发酵乳质量的好坏主要取决于品质、类型及活力。目前已经有数十种发酵乳发酵剂可选择。根据发酵乳健康化、嗜好化的发展趋势,发酵乳发酵剂正朝着使用方便、低后酸化、嗜好化和健康功能化的方向发展。而可生产个性化、温和可口、顺滑稠厚、有益健康的发酵乳品种的,产酸较快、质量稳定、使用方便、价格适中的直投式发酵乳发酵剂更是生产厂家的需要和追求,也是发酵乳发酵剂的发展趋势。

3. 发酵剂的制备流程

发酵剂的制备流程如下:

(1) 培养基的热处理　先把培养基加热到 90～95℃,并保持 30～45 min。热处理能改善培养基的一些特性:破坏噬菌体,消除抑菌物质,蛋白质发生一些分解,排除溶解氧,杀死原有的微生物。

(2) 冷却至接种温度　加热后,培养基冷却至接种温度。接种温度根据使用的发酵剂菌种的类型而定。常见的接种温度范围:嗜温型发酵剂为 20～30℃;嗜热型发酵剂为 42～45℃。

(3) 接种　要求接种时确保发酵剂的质量稳定,接种量、培养温度和培养时间在所有阶段都必须保持不变。

(4) 培养　培养时间一般为 3～20 h。温度必须严格控制,不允许污染源与发酵剂接触。在发酵乳生产中,以 2.5%～3% 的接种量和 2～3 h 的培养时间,达到球菌和杆菌 1∶1 的比率,最适培养温度为 43℃;培养期间,制备发酵剂的人员要定时检查酸度发展情况。

(5) 冷却　当发酵达到预定的酸度时开始冷却,以阻止细菌的生长,保证发酵剂具有较高活力;发酵剂要在 6 h 之内使用,冷却至 10～20℃ 即可,贮存时间超过 6 h,冷却至 5℃ 左右。

(6) 贮存　贮存发酵剂的最好办法是冷冻,温度越低,保存时间越长;用液氮冷冻到 -160℃ 效果很好。

目前的发酵剂种类包括浓缩发酵剂、深冻发酵剂、冷冻干燥发酵剂。

4. 发酵剂的质量控制

发酵剂在发酵乳中的作用取决于发酵剂的纯度和活力,质量控制的方法如下。

(1) 感官检验　首先检查发酵剂的组织状态、色泽及有无乳清分离现象等,其次检查凝乳硬度,然后品尝酸味和风味,看是否有苦味和异味。优质发酵剂应该具有均匀细腻的组织状态,表面光滑,无龟裂,无裂纹,无气泡和乳清分离等,凝块硬度适当,富有弹性,具有优良的风味。

(2) 显微镜检查　用高倍光学显微镜检查发酵剂中的菌种形态与比例。

(3) 污染程度的检查　用催化酶试验可检验发酵剂的纯度,阳性反应是污染所致;用大肠菌群试验可检测粪便污染情况;用菌落总数测定检查被杂菌污染的情况;乳酸菌发酵剂中不允许检测出酵母或霉菌;还要检查噬菌体污染情况等。

(4) 活力检查　使用前要检查发酵剂的活力,从发酵剂的酸生成状况或色素还原方面判断。常用的测定活力的方法有两种。

① 酸度测定:在灭菌冷却后的脱脂乳中加入 3% 的发酵剂,并在 37.8℃ 的恒温箱下培养 3.5 h,然后测定其酸度。若滴定乳酸度达 0.8% 以上,认为其活力良好。

② 刃天青还原实验:在 9 mL 脱脂乳中加入 1 mL 发酵剂和 0.005% 刃天青溶剂 1 mL,在 36.7℃ 的恒温箱中培养 35 min 以上,如完全褪色则表示发酵剂活力良好。

(5) 设备、容器的检查　对发酵剂所用设备、容器进行定期涂抹检验,以判断清洗效果和车间的卫生状况。

任务实施

1. 分小组研读 GB 19302《食品安全国家标准　发酵乳》,回答以下问题:
① 发酵乳的感官要求是什么?如何检验?
② 发酵乳的理化指标有哪些?该如何检测?

③ 该标准中对哪些微生物进行了限量？应采取哪些检验方法？

2. 以小组为单位，对凝固型发酵乳和搅拌型发酵乳样品进行感官评定。感官评定细则见表 2-6。

二维码 32

表 2-6　发酵乳感官质量评鉴细则（RHB 401）

项目	特　征		得分
	凝固型发酵乳	搅拌型发酵乳	
色泽[a]（20 分）	色泽均匀一致，呈乳白或乳黄色，或谷物、果料、蔬菜等的适当颜色		12～20
	非添加原料来源的深黄色或灰色		4～11
	非添加原料来源的有色斑点或杂质，或其他异常颜色		0～3
滋味和气味[b]（40 分）	纯正的奶味，具有自然的发酵风味和气味，或具有添加的谷物、果料、蔬菜等原料或特殊工艺（如焦糖化）来源的特征风味，酸甜比适中		31～40
	自然的发酵风味不够，或添加的谷物、果料、蔬菜等原料或特殊工艺（如焦糖化）来源的特征风味不够，略酸或略甜		21～30
	奶味不够，自然的发酵风味差，或添加的谷物、果料、蔬菜等原料或特殊工艺（如焦糖化）来源的特征风味差，有苦味，过酸或过甜		5～20
	特征风味错误或没有风味，不愉悦的气味		0～4
组织状态（40 分）	组织细腻、均匀，表面光滑平整、无裂纹、切面平整光滑、质感坚实、弹性好、无粉末感、无糊口感、无气泡、无乳清析出；含有谷物、果料、蔬菜等颗粒的，颗粒口感适中	组织细腻、均匀，良好的黏稠度，顺滑、无粉涩感、乳脂感强、无气泡、无乳清析出；含有谷物、果料、蔬菜等颗粒的，颗粒口感适中	31～40
	表面平整欠光滑、轻微肉眼可见的颗粒，无明显裂纹、切面平整稍欠光滑、有少量气泡出现或轻微的乳清析出含有谷物、果料、蔬菜等颗粒的，颗粒口感略软和略硬	稍有粉感涩感、乳脂感弱，有少量气泡出现或轻微的乳清析出含有谷物、果料、蔬菜等颗粒的，颗粒口感略软和略硬	21～30
	组织粗糙，明显肉眼可见的颗粒，有明显裂纹、表面偶见小凝乳块、切面不平整、质感偏软、弹较性差、有糊口感、有明显气泡或明显乳清析出；含有谷物、果料、蔬菜等颗粒的，颗粒口感偏软或偏硬	组织粗糙，肉眼可见轻微的颗粒，较明显的粉涩感、无乳脂感，有明显气泡出现或明显乳清析出；含有谷物、果料、蔬菜等颗粒的，颗粒口感偏软或偏硬	5～20
	组织粗糙，严重的肉眼可见的颗粒，有大量裂纹，凝乳块大小不一、无明显切面、质感稀软，无弹性、糊口感强，有大量气泡或严重的乳清析出；含有谷物、果料、蔬菜等颗粒的，颗粒口感太软或太硬	组织粗糙，严重的肉眼可见的颗粒、严重的粉涩感，有大量的气泡出现或严重的乳清析出；含有谷物、果料、蔬菜等颗粒的，颗粒口感太软或太硬	0～4

注：a. 对于使用焦糖化工艺的发酵乳色泽应均匀一致、呈褐色；
　　b. 滋味和气味不涉及甜味的，只评价酸味

3. 在教师的带领下,分小组完成样品发酵剂的活力测定:

① 酸度测定法:30 mL 灭菌脱脂乳 + 1 mL 发酵剂→在 37.8℃下培养 3.5 h→测定滴定酸度,乳酸度达 0.4% 则认为其活力较好。

乳酸度的计算:乳酸度(%) = 吉尔涅尔度(°T)×0.009。

② 刃天青法还原实验:9 mL 灭菌脱脂乳 + 1 mL 发酵剂 + 0.005% 的刃天青溶液 1 mL→36.7℃培养 30 min 后开始检查,每 5 min 观察一次结果→淡粉红色为终点。活力好的发酵剂应在 35 min 内还原刃天青。50~60 min 还原的发酵剂不宜使用,对照的不含发酵剂空白灭菌脱脂乳的还原时间不应少于 4 h。

任务评价

项目	知识	技能	态度
评价内容	本任务你主要学习了哪些知识?你最感兴趣的是哪一个知识点?	在该任务的学习中,你获得了哪些技能?你还有哪些困惑?	本任务所学对你有所助益或启发吗?你觉得如何才能将理论运用于实践?
评分: ☆零散掌握 ☆☆部分掌握 ☆☆☆扎实掌握	□☆ □☆☆ □☆☆☆	□☆ □☆☆ □☆☆☆	□☆ □☆☆ □☆☆☆

能力拓展

请以小组为单位,查找常见发酵乳的发酵剂菌种(嗜热链球菌和保加利亚乳杆菌)的形状及生长习性,并完成表 2-7 的填写。

表 2-7 发酵乳的发酵剂菌种其形状及其生长

特征	嗜热链球菌	保加利亚乳杆菌
形状		
革兰氏反应		
生长习性		

知识链接

带你了解酸奶的历史

历史证据显示,酸奶作为食品至少有 4500 多年的历史了,最早期的酸奶可能是游牧民族装在羊皮袋里的奶,因依附于袋中细菌自然发酵,而成为酸奶。酸奶的历史虽然可追溯到几千年前,但真正为人所熟知却在 20 世纪初。当时俄国动物学家梅契尼柯夫在保加利亚一些山区的部落中发现当地存在众多百岁老人,而长寿的秘密与一种发酵的羊奶有关,他还分离发现了酸奶的酵母菌,命名为保加利亚乳酸杆菌。1908 年,梅契尼柯夫在《长寿说》中详细地描述了这种注入瓦罐中自然发酵而成的酸奶饮品,于是位于巴尔干半岛的保加利亚成为世人公认的酸奶发源地。他也在同年获得诺贝尔生理及医学奖。他的研究成果得到西班牙商人萨克·卡拉索的关注,在第一次世界大战后建立酸奶制造厂,把酸奶作为一种具有药物作用的"长寿饮料"放在药房销售,但销路平平。第二次世界大战爆发后,卡拉索来到美国又建了一座酸奶厂,这次他不再在药店销售了,而是打入了咖啡馆、冷饮店,并大做广告,很快酸奶就在美国打开了销路,并迅速风靡了世界。

我国新疆、西藏、内蒙古、青海等少数民族地区称酸奶为酸奶子。这是一种将鲜牛奶置于缸里,任其自然发酵凝结,到乳浆分离时饮用的饮料。制作酸奶的原料主要是牛奶,也有用羊奶、驼奶做原料的。

提示 你知道我们该如何选购益生菌酸奶吗?

传统酸奶和益生菌酸奶是目前市场上常见的两种酸奶制品。消费者在购买益生菌酸奶时要选择有实力的大品牌,同时要关注益生菌的种类和含量。益生菌酸奶最大的特点在于"活",在生产和销售过程中必须保持冷链,并且在保质期内要保持一定的活菌数,所以,消费者在选购益生菌酸奶时一定要关注生产日期。

知识与技能训练

1. **知识训练**
① 发酵乳是如何分类的?请举例说明。
② 说一说酸奶的营养和保健功效。
③ 简述酸奶发酵剂的种类和制备步骤。
④ 如何测定发酵乳的发酵剂的活力?

2. **技能训练**

酸奶品鉴:请以小组为单位,前往超市和卖场购买各式酸奶产品,分小组测评,做好测评记录(见表 2-8)。请将测评流程和结果在学习平台分享、交流。

表 2-8 酸奶测评表

序号	酸奶名称	复原乳含量	所含添加剂	含糖量/100 g	细腻度(1~5分)	浓稠度(1~5分)	酸度(1~5分)	甜度(1~5分)	喜好度(1~5分)
1									
2									
3									
4									
5									
6									

任务 2　发酵乳的加工

任务描述

你们是否尝试过自制酸奶？你觉得自制酸奶与市售酸奶相比，在感官品质上有哪些差异？对于各大品牌的酸奶，你最爱喝哪一种类？你想知道搅拌型酸奶和凝固型酸奶的生产工艺吗？请跟随我们的脚步，一起探寻原料乳历经一道道复杂的工序而变身为发酵乳的历程吧。

知识准备

一、凝固型发酵乳的加工

（一）凝固型发酵乳生产工艺流程

发酵乳生产工艺如图 2-21 所示。

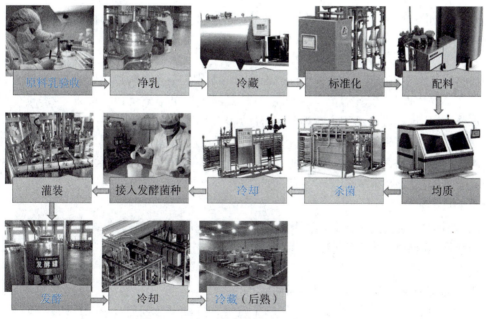

图 2-21　凝固型发酵乳的生产工艺流程

（二）凝固型发酵乳的加工操作要点

1. 原料乳验收

生产发酵乳所用的原料乳必须新鲜、优质，酸度不高于 18°T，总乳固体含量不低于 11.2%。研究表明，乳固体含量为 11.1%～11.8% 的原料乳可以生产出品质较好的发酵乳。如果乳固体含量低,在配料的时候可添加适量的乳粉,以促进凝乳的形成。原料乳中不得含有抗生素、杀菌剂、洗涤剂、噬菌体等阻碍因子,否则会抑制乳酸菌的生长,使发酵难以进行。

2. 净乳与冷藏

一般先使用双联过滤器滤掉生乳中可见杂质,再通过净乳机除去生乳中的细小杂质,如体细胞及部分机械杂质和部分芽孢菌等。然后,借助板式换热器及时冷却至4℃,以保持乳的新鲜度。

3. 标准化与配料

原料牛乳中的干物质含量对发酵乳质量颇为重要,尤其是酪蛋白和乳清蛋白的含量,可提高酸凝乳的硬度,减少乳清析出。

为了增加干物质含量,可以采用减压蒸发浓缩、反渗透浓缩、超滤浓缩等方法,将牛乳中水分蒸发10%~20%,相当于干物质增加了1.5%~3%;也可以采用添加浓汁牛乳(如炼乳、牦牛乳或水牛乳等)或脱脂乳粉(添加量一般为1%~1.5%)的方法,以促进发酵凝固。

在乳源有限的条件下,可以用脱脂乳粉、全脂乳粉、无水奶油为原料,根据原料乳的化学组成,用水调配和复原成液体乳。混料温度一般控制在10℃以下,混料水合时间一般不低于30 min。

4. 预热与均质

均质前预热至55℃左右可提高均质效果。均质有利于提高发酵乳的稳定性和稠度,并使发酵乳质地细腻、口感良好。均质压力一般控制在15.0~20.0 MPa。

5. 杀菌及冷却

均质后的物料以90~95℃杀菌5~10 min,杀死病原菌及其他微生物;使乳中酶的活力钝化和抑菌物质失活;使乳清蛋白热变性,变性乳清蛋白可与酪蛋白形成复合物,能容纳更多的水分,并且具有最小的脱水收缩作用,能改善发酵乳的稠度。

据研究,要保证发酵乳吸收大量水分和不发生脱水收缩作用,至少要使75%的乳清蛋白变性,这就要求85℃,20~30 min 或 90℃,5~10 min 的热处理条件。UHT 加热(135~150℃,2~4 s)处理虽能达到灭菌效果,但不能达到75%的乳清蛋白变性,所以发酵乳生产不宜用 UHT 加热处理。

杀菌后的物料应迅速冷却至菌种最适增殖温度范围40~43℃,最高不宜超过45℃,否则对产酸及酸凝乳状态有不利影响,甚至出现严重的乳清析出。

6. 接入发酵菌种

接种前检测发酵剂的活力,确定接种量,一般接种量为2%~4%。接种前发酵剂应搅拌均匀,发酵剂不应有大凝块,以免影响成品质量。接种发酵剂后,应充分搅拌均匀送入灌装程序。

如果用直投式发酵剂,只需按照比例将它们撒入发酵罐中。或撒入制备工作发酵剂的乳罐中扩大培养一次,即可作为工作发酵剂。

7. 灌装

(1)主要包装形式　瓷瓶、玻璃瓶、塑料杯、塑料袋、复合纸盒、塑料壶(桶)等。

(2)容器的清洗　在装瓶前需对玻璃瓶、陶瓷瓶进行蒸汽灭菌,一次性塑料杯、塑料瓶等可直接使用。

(3) 灌装　接种后搅匀的料液要立即装入零售用的容器中,根据不同的包装形式采用不同的灌装设备。灌装的方式有手工灌装、半自动灌装和全自动卫生灌装等。灌装过程中应注意:

① 灌装前灌装设备应进行 95～100℃、15～20 min 的预杀菌。
② 每批物料灌装时间不应超过 20 h。
③ 应定期对灌装间杀菌消毒,减少霉菌及酵母菌对产品的后污染。
④ 在灌装过程中应注意操作人员的个人卫生,防止二次污染。

8. 发酵

凝固型发酵乳是在发酵室中完成发酵的。采用保加利亚乳杆菌与嗜热链球菌的混合发酵剂时,温度宜保持在 41～43℃,培养时间 2.5～4.0 h。采用其他种类的生产发酵剂时,应根据发酵剂的生长特性确定适宜的发酵温度。一般发酵终点可依据如下条件来判断:

(1) 抽样测定发酵乳酸度,达到 65～70°T。
(2) pH 值低于 4.6。
(3) 抽样观察,若乳变黏稠、流动性变差且有小颗粒出现,可终止发酵。

凝固型产品发酵时应盛装在散口的容器内,发酵时应避免振动,以免影响成品的组织状态;发酵温度应恒定,避免忽高忽低;掌握好发酵时间,防止酸度不够或过度以及乳清析出。

注意　如在发酵过程中停电,会因温度波动带来产品损失。

9. 冷却、冷藏(后熟)

将发酵好的发酵乳置于 2～6℃冷库中冷藏 12～24 h 进行后熟,进一步促使芳香物质的产生,并改善产品的黏稠度。

(三) 凝固型发酵乳常见的质量问题及控制措施

凝固型发酵乳在生产中,由于种种原因常会出现一些质量问题。

1. 凝固性差

凝固型发酵乳有时会出现凝固性差或不凝固的现象,主要有以下 5 个原因。

(1) 原料乳的质量有问题　当乳中含有抗生素、防腐剂时,会抑制乳酸菌的生长,导致发酵失败,出现凝固性差或不凝固的现象。乳房炎乳的白细胞含量较高,对乳酸菌也会产生一定的吞噬作用。原料乳掺假,特别是掺碱,使发酵所产的酸被碱中和,而不能积累到凝乳所要求的 pH 值,使乳不凝或凝固不好。牛乳中掺水,会使乳的总干物质降低,也会影响发酵乳的凝固性。

(2) 发酵温度或发酵时间不适当　发酵温度依乳酸菌种类而异。若发酵温度低于该菌种的最适温度,则乳酸菌活力下降,凝乳能力降低,使发酵乳凝固性降低。当发酵时间过短时,乳酸菌产酸不足,也会导致发酵乳凝固性能下降。此外,发酵室温度不均匀也是造成发酵乳凝固性降低的原因之一。

(3) 噬菌体污染　噬菌体对菌种的选择有严格的特异性,可采用经常更换发酵剂的方法加以控制。此外,两种以上菌种混合使用也可减少噬菌体的危害。

(4) 发酵剂的活力　发酵剂活力太弱或接种量太少也可能造成发酵乳的凝固性下降。

灌装容器上残留的洗涤剂(如氢氧化钠)和消毒剂(如氯化物)都会影响菌种的活力,所以一定要清洗干净,以确保发酵乳的正常发酵和凝固。

(5) 加糖量　生产酸凝固型乳时,加入适量的蔗糖可提高风味,并有利于乳酸菌产酸量的提高和产品黏度的增加。若添加过多,则因产生高渗透压而抑制乳酸菌的生长繁殖,致使牛乳不能很好凝固。加糖量一般控制在 5%～8%。

2. 乳清析出

乳清析出是凝固型发酵乳常见的质量问题,其主要原因有以下 3 个方面。

(1) 原料乳热处理不当　热处理温度偏低或时间不够,无法使 75% 的乳清蛋白变性,蛋白质的持水能力下降,导致乳清析出。

(2) 发酵时间　若发酵时间过长,乳酸菌继续生长繁殖,产酸量不断增加,过多的酸会破坏已形成的胶体结构,使其容纳的水分游离出来形成乳清析出。若发酵时间过短,乳中蛋白质的胶体结构还未充分形成,不能包裹乳中原有的水分,也会形成乳清析出。因此,发酵时要抽样检查,合理判断发酵终点。

(3) 其他因素　原料乳中总干物质含量低、发酵乳凝胶受机械振动而破坏、乳中钙盐不足、发酵剂添加量过大等也会导致乳清析出。在实际生产中,向乳中添加适量的 $CaCl_2$,既可减少乳清析出,又可赋予凝固型发酵乳一定的硬度。

3. 风味不良

发酵乳在生产过程中常出现以下不良风味。

(1) 无芳香味　菌种选择不当是导致无芳香味的主要原因之一。在生产发酵乳时一般选用含两种以上菌种的混合发酵剂,并使其保持适当比例,否则易导致产香不足、风味变劣。此外,加工操作不当,如采用高温短时发酵等,也会造成芳香味不足。

(2) 不洁味　主要由发酵过程中污染的杂菌引起。如果发酵剂或原料被丁酸菌污染,发酵乳会产生刺鼻怪味;若被酵母菌污染,不仅产生不良风味,还会使发酵乳产生气泡,进而影响发酵乳的组织状态。

(3) 产品过酸、过甜　发酵过度、冷藏温度偏高、加糖量过低等会致使发酵乳偏酸,而发酵不足、加糖过高又会导致发酵乳偏甜。因此,应尽量避免发酵过度。发酵结束后要立即置于 0～4℃ 的条件下冷藏,有效防止后发酵。此外,还要严格控制加糖量。

(4) 原料乳的异味　原料乳的异味主要来源于牛体臭味、氧化臭味、加热臭(因过度热处理而产生的蒸煮味)等。另外,在配料时,如果添加了风味不良的炼乳或乳粉等,也会影响发酵乳的风味。

4. 表面生长霉菌

贮藏时间过长、贮藏温度过高时,发酵乳表面往往会出现霉斑。黑斑点易察觉,而白色霉菌则不易发现。这种发酵乳一旦被误食,轻者引起腹胀,重者导致腹痛腹泻。因此,要控制好贮藏时间和贮藏温度。

5. 砂状口感

优质发酵乳应具备柔嫩、细滑的口感。采用高酸度乳或劣质乳粉生产发酵乳,则产品口感粗糙,有砂状感。因此,生产发酵乳时,应选用新鲜牛乳或优质乳粉,并适当均质处理使乳中蛋白质颗粒细微化,改善口感。

二、搅拌型发酵乳的加工

(一) 搅拌型发酵乳生产工艺流程

搅拌型发酵乳生产工艺如图 2-22 所示。

图 2-22　搅拌型发酵乳的生产工艺流程

(二) 搅拌型发酵乳的加工操作要点

搅拌型发酵乳的加工工艺及技术要求与凝固型发酵乳基本相同,主要区别是搅拌型发酵乳多了一道搅拌混合工艺,这正是搅拌型发酵乳的特点。根据加工过程中是否添加果蔬料,搅拌型发酵乳又分为天然搅拌型发酵乳和加料搅拌型发酵乳两种。

1. 发酵

搅拌型发酵乳是在发酵罐中发酵的。发酵罐夹层内的热介质提供热量以维持发酵温度。温度可以根据培养要求调整。

发酵罐内安装有温度计和 pH 计,可以测量罐中的温度和 pH。在 41~43℃下培养 2~3h,pH 值就可降到 4.7 左右,同时料液在发酵罐中形成凝乳。搅拌型发酵乳一般要添加 0.1%~0.5% 的明胶、果胶或琼脂等稳定剂。发酵时要控制好发酵间的温度,避免忽高忽低。发酵罐上部和下部温差不要超过 1.5℃。发酵罐应远离发酵间的墙壁,以免过度受热。

2. 冷却

冷却的目的是快速抑制细菌的生长和酶的活性,以防止发酵过程产酸过度和搅拌时脱水。冷却可采用片式冷却器、管式冷却器、表面刮板式热交换器、冷却罐等。冷却方法有一步冷却法与二步冷却法两种。

(1) 一步冷却　将发酵温度由 42℃冷却至 10℃以下。将香料或果料混入后灌装,这种方法能很快控制酸度。但是,机械搅拌加入香料或果料后,发酵乳的黏稠度会进一步降低。

(2)二步冷却　发酵温度由42℃冷却至15～20℃,将香料或果料混入后在冷库冷却至10℃以下。发酵乳黏稠度高,但由于发酵罐中的凝乳先后被冷却,造成酸化现象严重,质地差别大。

通常开始冷却时的凝乳酸度小于实际成品的酸度,可以有效减少后酸化对产品酸度的影响。冷却要求在发酵乳完全凝固(pH4.6～4.7)后开始。冷却过程应稳定,控制好冷却的速度。冷却过快将造成凝块迅速收缩,导致乳清分离;冷却过慢则会造成产品过酸和添加的果料脱色。冷却后,发酵乳的温度最好为0～7℃,能充分发挥稳定剂的作用。

3. 搅拌

通过机械力破碎凝胶体,使凝胶体的粒子直径在0.01～0.4mm,并使发酵乳的硬度和黏度及组织状态发生变化。这是搅拌型发酵乳生产中的一道重要工序。

(1)搅拌的方法

① 层滑法:借助薄板(薄的圆板或薄竹板)或粗细适当的金属丝制成的筛子,使凝胶体滑动而破坏,而不是采用搅拌方式破坏胶体。

② 搅拌法:搅拌法有机械搅拌法和手动搅拌法两种。机械搅拌多使用宽叶片搅拌器、螺旋桨搅拌器、涡轮搅拌器等。叶片搅拌器具有较大的构件和表面积,转速慢,适合凝胶体的搅拌;螺旋桨搅拌器转速高,适合搅拌较大量的液体;涡轮搅拌器是一种高速搅拌器,能在运转中形成放射线形液流,是制造液体发酵乳常用的搅拌器。

手动搅拌一般用于小规模生产,如40～50L桶制作发酵乳。采用损伤性最小的手动搅拌以得到较高的黏度。

要恰当控制搅拌速度,要避免搅拌过度,否则不仅会降低发酵乳的黏度,还易出现乳清分离和分层现象。采用宽叶轮搅拌机时,每分钟缓慢转动1～2次,搅拌4～8min,这是低速短时缓慢搅拌法,也可采用定时间隔的方法搅拌。恰当的搅拌技术比增加固形物含量更能改善终产品的黏度。

③ 均质法:一般多用于制作发酵乳饮料,在加工搅拌型发酵乳时不常用。

(2)搅拌时的质量控制

① 温度:搅拌的最适温度为0～7℃,该温度适合亲水性凝胶体的破坏,易得到搅拌均匀的凝固物,既可缩短搅拌时间还可减少搅拌次数。若在38～40℃搅拌,凝胶体易形成薄片状或砂质结构等缺陷。但在实际生产中,使40℃的发酵乳降到0～7℃不太容易,所以搅拌时的温度以20～25℃为宜。

② pH值:发酵乳的搅拌应使凝胶体的pH值在4.7以下;若在pH值4.7以上时搅拌,则因发酵乳凝固不完全、黏性不足而影响成品的质量。

③ 干物质含量:适量提高乳的干物质含量对防止搅拌型发酵乳乳清分离能起到较好的作用。

④ 管道流速和直径:凝胶体在通过泵和管道移送及流经片式冷却板片和灌装过程中,会受到不同程度的破坏,将最终影响产品的黏度。凝胶体在过程中应以低于0.5m/s的层流形式经管道输送,管道直径不应随着包装线的延长而改变,尤其应避免管道直径突然变小。

4. 混合、灌装

在发酵乳自缓冲罐到包装机的输送过程中，果蔬、果酱和各种类型的调香物质等可通过一台变速的计量泵连续加入发酵乳中。果蔬混合装置一般固定在生产线上，计量泵与发酵乳给料泵同步运转，保证发酵乳与果蔬混合均匀。一般发酵罐内用螺旋搅拌器搅拌即可混合均匀。

灌装工艺条件受包装材料、产品特征和食用方法等的限制。在灌装机的选择上，既要考虑机器的通用性、可靠性、自动化程度、卫生程度等，也要考虑灌装的精确性，杜绝灌装时的滴漏现象。

（三）搅拌型发酵乳常见的质量问题及控制措施

1. 组织砂状

发酵乳从外观组织上看有许多砂状颗粒，不细腻。产生砂状结构有多种原因，普遍认为和发酵温度过高、发酵剂活力过低、接种量过多、发酵期间的振动有关。一些厂家为防止降温缓慢造成过酸现象，在较高温度下就开始搅拌，这也是造成砂状组织的原因之一。此外，牛乳受热过度也是出现砂状组织的主要原因。

2. 乳清分离

乳清分离的原因是凝乳搅拌速度过快，搅拌温度不合适。此外，酸凝乳发酵过度，冷却温度不合适及干物质含量不足等因素也可造成乳清分离现象。搅拌速度的快慢对成品的质量影响较大，若搅拌速度过慢，不能使凝块破损，产品不能均匀一致；但搅拌速度过快又使发酵乳的凝胶状态破坏，黏稠度下降，在贮藏过程中产生大量的乳清。因此，应选择合适的搅拌器并注意降低搅拌速度。

3. 风味不正

除了与凝固性发酵乳相同的原因外，还有在搅拌过程中因操作不当而混入了大量的空气，造成酵母和霉菌的污染。此外，添加的果蔬若处理不当，也会因果蔬料的变质、变味而引起发酵乳的风味不良。

任务实施

1. 分小组合作，在凝固型发酵乳和搅拌型发酵乳的生产线（如图 2-23 所示）上标注生产设备、工艺参数和工艺关键点等内容。

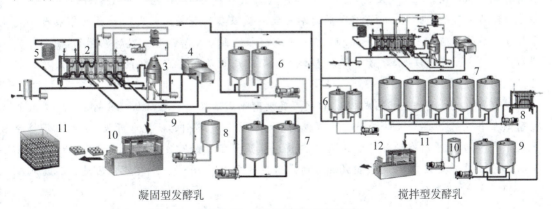

凝固型发酵乳　　　　　　　　　搅拌型发酵乳

图 2-23　发酵乳的加工生产线

2. 分小组在乳制品加工技术 VR 系统中完成凝固型发酵乳和搅拌型发酵乳的加工操作;借助 VR 沉浸式操作,对发酵乳的加工有更全面的认识。

任务评价

项目	知识	技能	态度
评价内容	本任务你主要学习了哪些知识?你最感兴趣的是哪一个知识点?	在该任务的学习中,你获得了哪些技能?你还有哪些困惑?	本任务所学对你有所助益或启发吗?你觉得如何才能将理论运用于实践?
评分: ☆零散掌握 ☆☆部分掌握 ☆☆☆扎实掌握	□☆ □☆☆ □☆☆☆	□☆ □☆☆ □☆☆☆	□☆ □☆☆ □☆☆☆

能力拓展

1. 在教师的带领下参观乳制品工厂,近距离观看发酵乳生产工艺流程;了解生产车间中的各式加工设备,仔细观察发酵操作环节,认真参观理化和微生物实验室,相互交流,对凝固型和搅拌型发酵乳的生产工艺有更全面的认识。在完成参观活动后,填写下列内容:

(1) 我参观的乳制品工厂名称是:＿＿＿＿＿＿＿＿＿＿＿＿＿＿＿。

(2) 该乳品厂所生产的发酵乳和酸乳品种主要有:＿＿＿＿＿＿＿＿＿。

(3) 我看到的发酵乳生产设备主要有:＿＿＿＿＿＿＿＿＿＿＿,我对＿＿＿＿＿＿＿＿＿＿设备最感兴趣。

(4) 我对发酵乳有了新的认识:＿＿＿＿＿＿＿＿＿＿＿＿。

知识链接

酸奶发酵剂在中国的使用现状

由于我国乳品工业起步较晚,特别是发酵乳制品,因此对乳酸菌发酵剂的研究较少,特别是具有自主知识产权的乳酸菌发酵剂的研究和开发几乎是个空白。小型和中型乳品加工企业大多采用继代式酸奶发酵剂。由于在传代过程中的污染及各种菌种比例失衡等原因导致产品质量较差。尽管目前大多数大型乳品加工企业采用直投式酸奶发酵剂生产发酵乳制品,但全部是进口产品。由于价格较高,导致生产成本加大。而我国目前尚无商业化的直投式酸奶发酵剂生产。

进口的直投式酸奶发酵剂成本较高(吨产品发酵剂成本在 200 元以上),限制了直投式酸奶发酵剂在中、小型乳品企业的使用。随着我国直投式酸奶发酵剂的研究和开发,生产成本将会大大下降,届时几乎所有的乳品加工企业都将会采用直投式酸奶发酵剂。按目前我国发酵乳 300 万吨/年生产规模来算,对直投式乳酸菌发酵剂的需求量为 300 吨,其产值可达 3 亿元人民币,利税可达 2.1 亿元。

提示 酸奶能代替正餐吗?

喝代餐酸奶时还是建议适当地吃些正餐,代餐酸奶里面的营养是有限的。一定要多补充新鲜的水果和蔬菜。每天喝代餐酸奶的次数也不能过量,如发现有不适应立即停止饮用。

知识与技能训练

1. 知识训练

① 试画出搅拌型发酵乳和凝固型发酵乳的生产工艺流程图。
② 简述凝固型发酵乳加工工艺及操作要点。
③ 试述搅拌型发酵乳和凝固型发酵乳加工过程中常出现的质量问题和解决方法。

2. 技能训练

借助发酵剂和纯牛奶,尝试在家自制酸奶。将制作流程和制作成果在学习平台上分享和交流。

项目三
乳粉的加工

知识目标

1. 能说出乳粉的定义、种类及理化性质。
2. 能概述全脂乳粉和婴幼儿配方乳粉的加工工艺流程。
3. 能阐述乳的浓缩、喷雾干燥的目的、方法及原理。
4. 能归纳婴幼儿配方乳粉的配方设计原理及要求。

技能目标

1. 能借助标准文件对乳粉样品进行感官评定。
2. 能按标准完成乳粉的加工。
3. 会浓缩、喷雾干燥设备的操作和日常维护。

任务1　全脂乳粉加工

任务描述

奶粉有多种,有给宝宝喝的婴幼儿配方奶粉,有给青少年、青壮年和老年人等各种人群喝的奶粉。你知道这些奶粉是如何生产出来的吗?在生活中,我们该如何根据实际需要选购合适的奶粉?请跟着我们一起揭秘奶粉的诞生历程吧!

一、乳粉概述

(一)乳粉的概念及特点

GB 19644 将乳粉定义为以生牛(羊)乳为原料,经加工制成的粉状产品;调制乳粉则是以生牛(羊)乳或及其加工制品为主要原料,添加其他原料,添加或不添加食品添加剂和营养强化剂,经加工制成的乳固体含量不低于70%的粉状产品。

乳粉保持了鲜乳中的大部分营养成分,产品含水量低,体积小,重量轻,储藏期长,食用方便,便于运输和携带,有利于调节地区间乳制品供应的不平衡。品质良好的乳粉加水复原后,可迅速溶解恢复原有鲜乳的性状。乳粉在我国的乳制品结构中占据着非常重要的位置。

(二)乳粉的种类

目前,市面上的乳粉主要有全脂乳粉、部分脱脂乳粉、脱脂乳粉、全脂加糖乳粉和调味乳粉。

全脂乳粉是仅以乳为原料,添加或不添加食品添加剂、食品营养强化剂,经浓缩、干燥制成的粉状产品。部分脱脂乳粉或脱脂乳粉则是仅以乳为原料,添加或不添加食品添加剂、食品营养强化剂,脱去部分或全部脂肪,经浓缩、干燥制成的粉状产品。全脂加糖乳粉是仅以乳、白砂糖为原料,添加或不添加食品添加剂、食品营养强化剂,经浓缩、干燥制成的粉状产品。调味乳粉是以乳为主要原料,添加辅料,经浓缩、干燥制成的粉状产品,或在乳粉中添加辅料,经干燥混制成的粉状产品。

(三)乳粉主要化学成分的特性

1. 脂肪

乳粉中脂肪球的存在状态随干燥的方式和操作方法而不同,脂肪的状态对乳粉的保藏性有一定的影响。喷雾干燥的乳粉脂肪呈微细的脂肪球状态,存在于乳粉颗粒的内部。乳粉中的脂肪在保藏过程中会自氧化。脂肪自发氧化的速度与温度、水分活度、氧气含量、干燥方法等有关。温度每上升10℃,氧化速度会增长1倍;包装中氧气低于2%时,自发氧化可完全被抑制,所以通常采用充氮气或充CO_2气体来防止脂肪的氧化;采用泡沫喷雾干燥或蒸汽套离心喷雾器可以减少脂肪的自发氧化。

2. 蛋白质

乳粉中蛋白质的理化状态与乳粉的冲调复原性有关,特别是与酪蛋白关系较大。在乳粉的加工过程中应尽量保持乳蛋白质原来状态,以获得良好的复原性。

在浓缩和喷雾干燥的过程中,由于乳的最终温度不超过70℃,因而乳清蛋白很少发生变性,乳球蛋白只发生轻微的变性,浓缩过程中乳清蛋白会和酪蛋白胶粒结合形成复合物。但在加工过程中,若热处理操作不当,会引起蛋白质变性,生成不溶性沉淀(主要成分是变性酪蛋白酸钙),使溶解度降低,加热温度越高,时间越长,蛋白质的变性越严重。此外,原料乳的新鲜度对蛋白质的变化影响更大。因此,为了获得溶解度高的乳粉,必须注意控制加热条件和原料乳的新鲜度。

3. 乳糖

乳糖是乳粉中的重要成分,新制成的乳粉所含的乳糖呈非结晶的玻璃状态,α-乳糖与β-乳糖的无水物保持平衡状态,其比例大致为1∶1.5～1∶1.6,这种平衡状态受干燥时的温度影响。乳粉中呈玻璃状态的乳糖吸湿性很强,所以乳粉很容易吸潮。气体很难透过玻璃态乳糖,所以乳粉在真空状态下也会保持颗粒内的空气。当乳糖吸收水分后,逐渐变为含有1分子水的结晶乳糖,使乳粉颗粒的表面产生很多裂纹,促使脂肪逐渐渗出,利于外界空气的进入,最终引起乳粉的氧化变质。

(四) 乳粉的物理性质

1. 乳粉颗粒大小与形状

乳粉颗粒的大小对乳粉的冲调性、复原性、分散性及流动性有很大影响。乳粉颗粒直径一般为20～60 μm。附聚的乳粉颗粒较大,可达1 mm。当乳粉颗粒达150 μm左右时冲调复原性最好;小于75 μm时,冲调复原性较差。乳粉颗粒大小因生产方法、操作条件而异。离心喷雾干燥的乳粉直径为30～200 μm(平均100 μm);压力喷雾干燥的乳粉直径为10～100 μm(平均45 μm)。

2. 乳粉密度

乳粉的密度有3种表示方法,代表了乳粉的品质特性,即真密度、表观密度(容积密度)和颗粒密度。

(1) 真密度　表示不包括任何空气的乳粉本身的密度。含脂肪26%～27%的全脂乳粉的真密度为1.26～1.32 g/mL,脱脂乳粉为1.44～1.48 g/mL。

(2) 表观密度　表示单位容积中乳粉质量,包括颗粒与颗粒之间空隙中的空气。表观密度大,则单位质量所占体积小,有利于包装。一般滚筒干燥的乳粉表观密度为0.3～0.5 g/mL;喷雾干燥乳粉的表观密度为0.5～0.6 g/mL。

(3) 颗粒密度　表示乳粉颗粒的密度,只包括颗粒本身内部的空气泡,而不包括颗粒之间空隙中的空气。

3. 乳粉的色泽与风味

正常乳粉的色泽呈淡黄色,具有乳独特的乳香微甜风味。如果在生产中使用经加碱中和或酸度高的原料乳,乳粉颜色为褐色。此外,在高温下加热时间过长也会使乳粉的颜色变为褐色。

4. 乳粉的溶解度与复原性

复原性描述了乳粉与水再结合的现象,是表征乳粉的一个重要特性。溶解度是乳粉与水按照鲜乳含水比例复原时,评价复原性能的一个指标。乳粉加水冲调后,应该复原为鲜乳一样的状态,其中蛋白质和脂肪也都能恢复成乳原来的良好分散状态。但是,质量差的乳粉,并不能完全复原成鲜乳状。优质乳粉的溶解度应达99.90%以上,甚至是100%。

5. 乳粉中的气泡

经浓缩的原料乳,在雾化过程中,一些空气会包于液滴中。采用离心喷雾时,一般每个液滴中产生10～100个空气泡;采用压力喷雾可大大减少气泡,一般每个液滴含0～1个空气泡。压力喷雾法干燥的全脂乳粉颗粒中含有空气量为7%～10%(体积分数),脱脂乳粉颗粒中约含 13%。离心喷雾法干燥的全脂乳粉颗粒中含有空气量为 16%～22%,脱脂乳粉颗粒中约含 35%。含气泡多的乳粉浮力大,下沉性差,且易氧化变质。

二、乳的浓缩

(一) 乳浓缩的概念和意义

浓缩是从溶液中除去部分溶剂(通常是水)的操作过程,也是溶质和溶剂均匀混合溶液的部分分离过程。

1. 乳浓缩的概念

乳的浓缩是指使乳中水分部分蒸发,以提高乳固体含量,使其达到所要求的浓度的一种乳品加工方法。不同于干燥,乳经过浓缩,最终产品还是液态的乳。

2. 乳浓缩的目的意义

(1) 减少重量、体积,节省费用　浓缩除去部分水分,减少了乳的重量和体积,从而减少相应的包装、贮藏和运输费用。

(2) 延长保质期　提高乳的浓度,增大产品的渗透压,降低水分活性,增加炼乳等产品的微生物及化学方面的稳定性,延长乳制品保质期。

(3) 为下一步的喷雾干燥打基础,节省能耗　未经浓缩的原料乳,若直接干燥,则需要干燥能力更高更大的干燥塔,才能满足生产要求,能耗也随之增加。

(4) 改善干燥产品的品质　未经浓缩而喷雾干燥生产的乳粉,颗粒松软并含有大量气泡,色泽灰白,感官质量差,易吸湿;而经过浓缩再喷雾干燥生产的乳粉,颗粒粗大、完整,流动性好,在水中能迅速复原。

(二) 乳的浓缩方式

乳制品加工生产用的浓缩方式有蒸发浓缩、反渗透/超滤(膜)浓缩、冷冻浓缩等 3 种。若生产一般的乳制品如乳粉、炼乳,采用蒸发浓缩方式。反渗透/超滤(膜)浓缩、冷冻浓缩等方式主要用于乳清蛋白、脱乳糖产品、牛初乳等高附加值的产品的生产,国内刚刚兴起,工业应用还较少。这里主要介绍蒸发浓缩。

1. 蒸发原理

蒸发的一般原理如图 2-24 所示,通过热蒸汽加热间壁,使另一侧的液体蒸发。通常蒸发具有热敏性的物料时,应考虑蒸发在较低温度下和较短时间内完成,从而减少加热对物料的影响。

2. 蒸发的分类

(1) 自然蒸发　溶液中的溶剂(通常为水)在低于其沸点的状态下蒸发。溶剂的气化只能在溶液的表面进行,蒸发速率较低。乳品工业上几乎不采用。

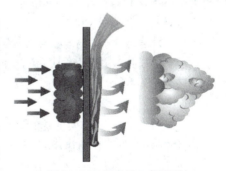

图 2-24　蒸发的一般原理

(2) 沸腾蒸发　将溶液加热使其达到某一压力下的沸点,溶剂的气化不但在液面进行,而几乎在溶液的各部分同时进行,蒸发速率高。工业生产上普遍采用沸腾蒸发。根据液面上方压力的不同,沸腾蒸发又可分以下两种。

① 常压蒸发：蒸发过程是在大气压力状态下，溶液的沸点就是某种物质本身的沸点，蒸发速度慢。乳品工业上最早使用的平锅浓缩就是常压浓缩，但目前几乎已不采用。

② 减压蒸发：即真空浓缩，是利用抽真空设备使蒸发过程在一定的负压状态下进行。由于压力越低溶液的沸点就越低，蒸发速率就越高，所以整个蒸发过程都是在较低的温度下进行的，特别适合热敏性物料的浓缩，目前在乳品工业生产上得到广泛应用。

（三）真空浓缩特点及设备

1. 真空浓缩特点

由于牛乳属于热敏性物料，其浓缩宜采用真空浓缩法。

（1）真空浓缩法的优点

① 牛乳的沸点随压力的降低而降低，真空浓缩可降低牛乳的沸点，避免了牛乳高温处理，减少了蛋白质的变性及维生素的损失，对保持牛乳的营养成分，提高乳粉的色、香、味及溶解度有益。

② 真空浓缩可极大地减少牛乳中空气及其他气体的含量，起到一定的脱臭作用，这对改善乳粉的品质及提高乳粉的保存期有利。

③ 真空浓缩加大了加热蒸汽与牛乳间的温度差，提高了设备在单位面积单位时间内的传热量，加快了浓缩进程，提高了生产能力。

④ 真空浓缩为使用多效浓缩设备及配置热泵创造了条件，可部分地利用二次蒸汽，节省了热能及冷却水的耗量。

⑤ 真空浓缩操作是在低温下进行的，设备与室温间的温差小，设备的热量损失少。

⑥ 牛乳可自行吸入浓缩设备中，无需料泵。

（2）真空浓缩的不足

① 真空浓缩必须设真空系统，增加了附属设备和动力消耗，工程投资增加。

② 液体的蒸发潜热随沸点降低而增加，因此真空浓缩的耗热量较大。

2. 真空浓缩设备

真空浓缩设备种类繁多，根据加热蒸汽被利用的次数分为单效、多效浓缩设备和带有热泵的浓缩设备。根据料液的流程方式可分为循环式和单程式。根据加热器结构可分为直管式、板式、盘管式、升膜式、降膜式浓缩设备。

（1）升膜式浓缩设备　单效升膜式蒸发器，如图 2-25（a）所示。优点是设备结构简单，生产能力强，蒸发速度快，蒸汽消耗低，可连续生产，中、小型乳品厂较适合。缺点是加热较长，易焦管，不易清洗，且料浓时，不易形成膜状，料少时，易焦管，所以不适于炼乳生产。

乳从加热器底部进入加热管，蒸汽在管外对乳加热。加热管中的乳在管的下半部只占管长的 1/5～1/4。乳加热沸腾后产生大量的二次蒸汽，在管内迅速上升，将牛乳挤到管壁，形成薄膜，进一步被浓缩。在分离器高真空吸力作用下，浓缩乳与二次蒸汽沿切线方向高速进入分离器。经分离器作用，浓缩乳沿循环管回到加热器底部，与新进入的乳混合后再次进入加热管蒸发。如此循环，直至达到要求浓度后，一部分浓缩乳由出料泵抽出，另一部分继续循环。一般要求出料量与蒸发量及进料量达到平衡，乳浓度由出料量进行控制。双效升膜式浓缩设备的构造及原理与单效相似，只是多一个加热器进行二次蒸发。

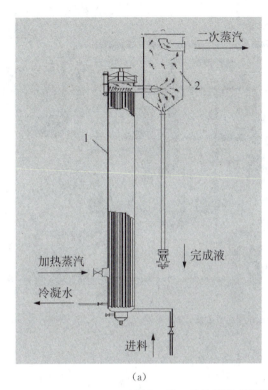
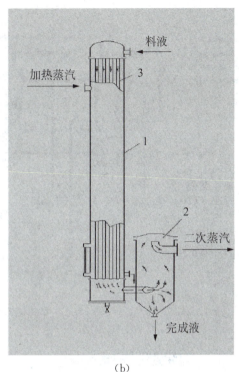

图 2-25 单效升膜式蒸发器和单效降膜式蒸发器

(2) 降膜式浓缩设备　降膜式浓缩设备也有单效和多效之分,其结构及原理相似,区别也在加热器多少。单效降膜蒸发器蒸发设备如图 2-25(b)。

牛乳首先在低压下预热到等于或略高于蒸发温度的温度,然后从预热器流至蒸发器顶部的分配系统。由于蒸发器内形成真空,蒸发温度低于 100 ℃。牛乳离开喷嘴就扩散开来,部分水立刻蒸发掉,此时生成的蒸汽将牛乳压入管内,使牛乳呈薄膜状,沿着管的内壁向下流。在流动中,薄膜状牛乳中的水分很快蒸发掉。蒸发器下端安装有蒸汽分离器,经蒸汽分离器将浓缩牛乳与蒸汽分开。由于同时流过蒸发管进行蒸发的牛乳很少,降膜式蒸发器中的牛乳停留时间非常短(约 1 min)。这对于浓缩热敏感的乳制品相当有益。

(3) 多效真空浓缩蒸发设备　从溶液中汽化水需消耗很多能量,这种能量是以蒸汽的形式提供的,为了减少蒸汽消耗量,蒸发设备通常被设计成多效的:两个或更多个单元在较低的压力下操作,从而获得较低的沸点。在前一效中产生的蒸汽用作下一效的加热介质,蒸汽的需要量大约等于水分挥发总量除以效数。在现代乳品业中,蒸发器效数可高达七效。图 2-26 所示为带机械式蒸汽压缩机的三效蒸发器,机械或蒸汽压缩系统将蒸发器里的所有蒸汽抽出,经压缩后再返回到蒸发器中。压力的增加是通过机械能驱动压缩机来完成的,无热能提供给蒸发器(除了一效巴氏杀菌的蒸汽),无多余的蒸汽被冷凝。

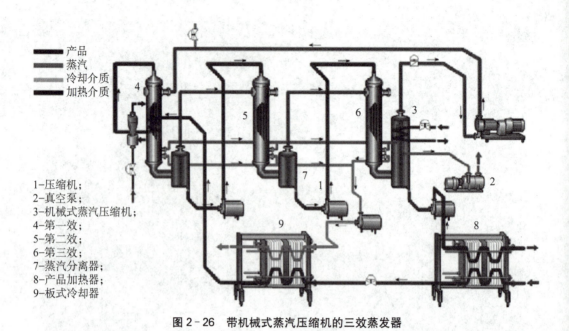

■ 产品
■ 蒸汽
■ 冷却介质
■ 加热介质

1—压缩机；
2—真空泵；
3—机械式蒸汽压缩机；
4—第一效；
5—第二效；
6—第三效；
7—蒸汽分离器；
8—产品加热器；
9—板式冷却器

图 2-26　带机械式蒸汽压缩机的三效蒸发器

三、乳的雾化与干燥

（一）乳的雾化

1. 雾化的目的

雾化的目的在于使液体形成细小的液滴，使其能快速干燥，并且干燥后粉粒又不至于由排气口排出。乳滴分散得越微细，比表面积越大，也就越能有效地干燥。1 L 牛乳具有约 0.05 m^2 表面积，但如果牛乳在喷雾塔中被雾化，每一个小滴会具有 0.05～0.1 mm^2 的表面积。1 L 乳得到乳滴总表面积将增加到约 35 m^2，雾化使比表面积增加了约 700 倍。

2. 雾化方式及原理

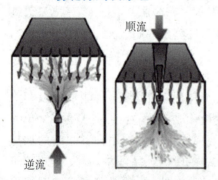

图 2-27　压力喷雾干燥室中的喷嘴

雾化通常采用压力式和离心式两种。

（1）压力式喷雾　压力式喷雾干燥中，浓乳雾化是通过一台高压泵的压力（20 MPa）和一个安装在干燥塔内部的喷嘴来完成的。浓乳在高压泵的作用下通过一狭小的喷嘴后，瞬间雾化成无数微细的小液滴，如图 2-27 所示。喷嘴的优点是结构简单，可以调节液体雾化锥形喷嘴的角度（可用直径相对小的干燥室），并且粉粒中液泡含量较少。缺点是生产能力相对小，并很难改变。因此，在大型干燥室中，必须同时安装几个喷嘴。此外，喷嘴耐用性差，易堵塞。

（2）离心式雾化　离心式喷雾干燥中，浓乳的雾化是通过水平方向高速旋转的圆盘来完成的。当浓乳在泵的作用下进入高速旋转的转盘（转速在 10 000 r/min）中央时，由于离心力的作用而以高速被甩向四周,从而达到雾化的目的。

离心式雾化的优点:①生产过程灵活,生产能力可在很大范围内变化;②转盘不易堵塞;③高黏度下仍可实现转盘雾化,因此可生产高度蒸发的乳;④形成相对小的液滴。缺点是在雾中形成许多液胞,此外液滴被甩出悬浮在转盘轴的周围,所以,干燥室必须足够大以防液滴碰到室壁。

(二)喷雾干燥及其优缺点

1. 喷雾干燥

喷雾干燥是指在高压或离心力的作用下,浓缩乳通过雾化器向干燥室内喷成雾状,形成无数细滴(10~200 μm),增大受热表面积可加速蒸发的工艺过程。雾滴与同时鼓入的热空气接触,水分便在瞬间蒸发除去。经15~30 s的干燥时间便得到干燥的乳粉。

2. 喷雾干燥的优点

(1) 干燥过程快而迅速 因浓乳被雾化成小液滴,具有极大的表面积,水分蒸发就会加快,整个过程仅需10~30 s,很适于热敏性物料。

(2) 干燥过程温度低,乳粉质量好 热空气虽然温度高,但物料水分蒸发温度却不超过该状态下的热空气的温度,物料颗粒本身只有60℃,可以最大限度地保持牛乳的营养成分及理化性质。

(3) 调节工艺参数,可控制成品质量 如选择适当雾化器调节物料浓度来控制乳粉颗粒状态、大小、容重,并使含水量达到要求,产品具有很好的流动性、分散性、溶解度。

(4) 干燥的产品呈粉粒状 无须再粉碎加工。

(5) 卫生质量好 不易污染,产品纯净。

(6) 干燥介质与物料直接接触 无须再用热交换设备,操作方便,机械化、自动化程度高,适合大规模生产。

(7) 干燥室内呈负压状态 避免了粉尘飞扬,减少浪费。

3. 喷雾干燥的缺点

(1) 设备(干燥箱)塔占地面积大,投资大。

(2) 电耗、热耗大。

(3) 粉尘黏避现象严重,回收装置较复杂烦琐。设备清洗、清扫工作量大,劳动强度大。

四、全脂乳粉加工工艺

全脂乳粉生产工艺流程如图2-28所示。

1. 原料乳验收、净乳和冷藏

鲜乳验收后如不能立即加工,须净乳后经冷却器冷却到4~6℃,再泵入贮乳槽。牛乳在贮存期间要定期搅拌和检查温度及酸度。

2. 标准化、预热均质

借助离心分离机、在线标准化系统完成标准化操作,将原料乳预热到60~65℃均质。

3. 杀菌

采用高温短时灭菌法,使牛乳的营养成分损失较小,乳粉的理化特性较好。

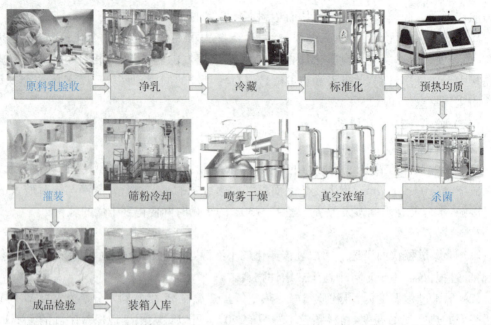

图 2-28 全脂乳粉生产工艺流程

4. 真空浓缩

(1) 浓缩终点判断　牛乳浓缩的程度直接影响乳粉的质量。牛乳浓缩的程度视各厂的干燥设备、浓缩设备、原料乳的性状、成品乳粉的要求等而异,一般要求原料乳浓缩至原体积的 1/4,即乳固体含量为 40%～50%。在浓缩到接近要求浓度时,浓缩乳黏度升高,沸腾状态滞缓,微细的气泡集中在中心,表面稍呈光泽,根据经验观察即可判定浓缩的终点。但为准确起见,可迅速取样,测定其浓度、相对密度、黏度或折射率来确定浓缩终点。浓缩后的乳温一般均为 47～50℃,这时浓缩乳的浓度应为 14～16°Bé(波美度)。

(2) 影响浓缩的因素　影响因素主要有如下两个方面。

① 热交换的影响:加热器总面积越大,乳受热面积越大,传热快则浓缩快。加热蒸汽与物料间的温差越大,则传热越快,浓缩也越快,在负压下加热可加大温差。乳翻动速度越快,则牛乳受热量大,浓缩越快,所以越接近终点时牛乳浓缩速度越慢。

② 牛乳浓度、黏度对浓缩的影响:浓度、黏度越大,浓缩越不易。所以,加糖过早会增加乳的黏稠度,不利于浓缩。如提高加热蒸汽,可降低黏度,但又容易焦管,所以要及时确定浓缩终点。

5. 喷雾干燥

喷雾干燥使乳粉中的水分含量降至在 2.5%～5%,抑制细菌繁殖,延长了乳的货架寿命,大大降低了重量和体积,减少了产品的贮存和运输费用。

(1) 传统喷雾干燥(一段干燥)　传统喷雾干燥过程可分为 3 个连续过程:①将浓缩乳雾化成液滴;②液滴与热空气流接触,牛乳中的水分迅速地蒸发,该过程又可细分为预热段、恒速干燥段和降速干燥段;③将乳粉颗粒与热空气分开。

在干燥室内,整个干燥过程大约用时 25 s。由于微小液滴中水分不断蒸发,使乳粉的温度不超过75℃。干燥的乳粉含水量2.5%左右,从塔底排出,而热空气经旋风分离器或袋滤器分离所携带的乳粉颗粒而被净化,或排入大气或进入空气加热室再利用,如图2-29所示。

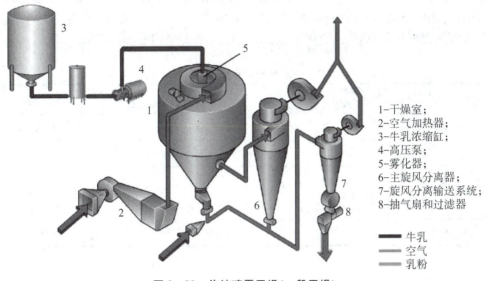

1—干燥室;
2—空气加热器;
3—牛乳浓缩缸;
4—高压泵;
5—雾化器;
6—主旋风分离器;
7—旋风分离输送系统;
8—抽气扇和过滤器

■ 牛乳
■ 空气
■ 乳粉

图2-29 传统喷雾干燥(一段干燥)

(2)二次干燥或两段干燥 为了提高喷雾干燥的热效率,可采用二段干燥法。二段干燥能降低干燥塔的排风温度,使含水量较高(6%~7%)的乳粉颗粒,再次在流化床或干燥塔中二次干燥至含水量2.5%~5%。因为可以提高喷雾干燥塔中空气进风温度,使粉末停顿的时间短(仅几秒钟);而在流床干燥中空气进风温度相对低(130℃),粉末停留时间较长(几分钟),热空气消耗也很少,可生产优质的乳粉,如图2-30所示。

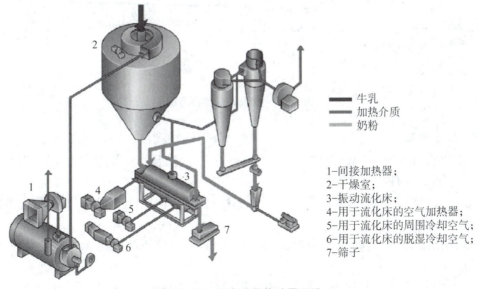

■ 牛乳
■ 加热介质
■ 奶粉

1—间接加热器;
2—干燥室;
3—振动流化床;
4—用于流化床的空气加热器;
5—用于流化床的周围冷却空气;
6—用于流化床的脱湿冷却空气;
7—筛子

图2-30 配有流化床喷雾干燥

传统干燥和两段式干燥将干物质含量48%的脱脂浓缩乳干燥到含水量3.5%,所需条件见表2-9。两段式干燥能耗低(20%),生产能力更大(57%),附加干燥仅耗5%热能,乳粉质量通常更好。流化床除干燥外,还可有其他功能,如用于粉粒的附聚,附聚的主要原因是解决在冷水中分散性差的细粉,通常生产大颗粒乳粉,如速溶乳粉主要是通过该方法生产的(在附聚段喷涂卵磷脂)。流化床的工作过程如图2-31所示。

表2-9 传统干燥和两段式干燥条件

干燥方式	传统干燥	二段式干燥
进风温度/℃	200	250
出风温度/℃	94	87
空气室出口 A_W	0.09	0.17
总消耗热/(kJ/kg 水)	4 330	3 610
能量/(kg·h)	1 300	2 040

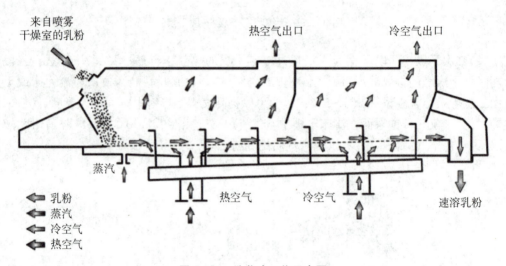

图2-31 流化床工作示意图

6. 筛粉冷却

(1)出粉与冷却 干燥的乳粉,落入干燥室的底部,粉温为60℃左右,应尽快出粉。出粉的方式有以下两种。

① 气流出粉、冷却:连续出粉、冷却、筛粉、贮粉、计量包,出粉速度快,微细粉尘多冷却效率低。

② 流化床出粉、冷却:乳粉质量不受损害,节省动力,冷却效率高,微细粉尘少,颗粒大而均匀。

(2)筛粉与晾粉 筛粉一般用采用机械振动筛,筛底网眼为40~60目。目的是使乳粉均匀、松散,便于冷却。晾粉的目的不但是使乳粉的温度降低,而且使粉表观密度可提高15%,有利于包装。无论使用大型粉仓,还是小粉箱,在贮存时要严防受潮。包装前的乳粉存放场所必须保持干燥和清洁。

7. 灌装

各国乳粉包装的形式和尺寸有较大差别,包装材料有马口铁罐、塑料袋、塑料复合纸带和塑料铝箔复合袋等。依不同客户的特殊需要,可以改变包装物重量。工业用粉采用 25 kg 的大袋包装,家庭采用 1 kg 以下小包装。小包装一般为马口铁罐或塑料袋包装,保质期为 3～18 个月,若充氮可延长保质期。包装过程中影响产品质量的因素有:

(1) 包装时乳粉的温度 大包装时应先将乳粉冷却至 28℃ 以下再包装,以防止过度受热。此外,将热的乳粉装罐后,立即抽气,则保藏性比冷却包装更佳。

(2) 包装室内湿度 相对湿度不能超过 75%,温度也不应急剧变化,盛装乳粉的桶不应透水和漏气。在相对湿度低于 3% 的情况下,乳粉不会发生任何变化,因为这时全部水分都与乳中蛋白质呈化学结合的状态。

(3) 空气 由于乳粉罐中存在多余的氧气,使脂肪发生氧化,最好在包装时,使容器中保持真空,然后填充氮气,可以使乳粉贮藏 3～5 年之久。

五、全脂乳粉的质量控制

1. 脂肪分解味(酸败味)

脂肪分解味是一种类似丁酸的酸性刺激味。这主要是由于乳中脂肪水解酶的作用,使乳粉中的脂肪水解而产生游离的挥发性脂肪酸。控制措施有:①在牛乳杀菌时,必须将脂肪水解酶彻底破坏;②严格控制原料乳的质量。

2. 氧化味(哈喇味)

乳制品产生氧化味的主要因素为空气、光线、重金属(特别是铜)、酶(主要是过氧化物酶)和乳粉中的水分及游离脂肪等。

(1) 空气(氧) 产生氧化臭味的主要原因是氧打进了不饱和脂肪酸的双键。在制造和成品乳粉保藏过程中,应尽可能避免与空气长时间接触;包装要尽可能采用抽真空充氮的方式;在喷雾时尽量避免乳粉颗粒中含有大量气泡;在浓缩时要尽量提高浓度。

(2) 光线和热 光线和热能促进乳粉氧化,30℃ 以上更显著。乳粉应尽量避免光线照射,并放在冷处保藏。

(3) 重金属 特别是二价铜离子非常容易促进氧化。避免铜的混入,最好使用不锈钢的设备。

(4) 原料乳的酸度 凡是使酸度升高的原因都会成为促进乳粉氧化的因素,所以要严格控制原料乳的酸度。

(5) 原料乳中的过氧化物酶 原料乳最好采用高温短时间杀菌或超高温瞬间杀菌,以破坏过氧化物酶。

(6) 乳粉中的水分含量 乳粉中的水分含量过高会影响乳粉质量,但过低也会产生氧化味,一般乳粉中水分低于 1.88% 就易产生氧化味。

3. 褐变及陈腐味

乳粉在保藏过程中有时产生褐变，同时产生一种陈腐的气味。这一变化主要是与乳粉中的水分和保藏温度有关。在乳粉的保藏时注意控制水分含量在5%以下。

4. 吸潮

当乳糖吸水后，蛋白质粒子彼此黏结而使乳粉形成块状。密封罐装则吸湿的问题不大，但简单的非密封包装，或者开罐后存放，会有显著的吸湿现象。

5. 因细菌而引起的变质

乳粉水分含量超过5%以上时，乳粉中易滋生细菌，一般为乳酸链球菌、小球菌、八叠球菌及乳杆菌等。如果含有金黄色葡萄球菌，则这种乳粉是很危险的。

任务实施

1. 分小组绘制全脂奶粉生产工艺流程图，在流程图上标注生产设备、工艺参数和工艺关键点等内容。

2. 按小组研读GB 19644 食品安全国家标准 乳粉，回答以下问题：
① 请问乳粉的感官要求是什么？如何检验？
② 乳粉的理化指标有哪些？该如何检测？
③ 该标准中对哪些微生物进行了限量？应采取哪些检验方法？

二维码37

3. 以小组为单位，对全脂乳粉样品进行感官评定。感官评定细则见表2-10。

表2-10 全脂乳粉感官质量评鉴细则（RHB 201）

项目	特 征		得分
色泽 （10分）	色泽均一，呈乳黄色或浅黄色；有光泽		10
	色泽均一，呈乳黄色或浅黄色；略有光泽		8～9
	黄色特殊或带浅白色；基本无光泽		6～7
	色泽不正常		4～5
组织状态 （20分）	颗粒均匀、适中、松散、流动性好		20
	颗粒较大或稍大、不松散，有结块或少量结块，流动性较差		16～19
	颗粒细小或稍小，有较多结块，流动性较差；有少量肉眼可见的焦粉粒		12～15
	粉质粘连，流动性非常差；有较多肉眼可见的焦粉粒		8～11
冲调性 （30分）	下沉时间 （10分）	≤10 s	10
		11～20 s	8～9
		21～30 s	6～7
		≥30 s	4～5
	挂壁和小白点 （10分）	小白点≤10个，颗粒细小；杯壁无小白点和絮片	10
		有少量小白点点，颗粒细小；杯壁上的小白点和絮片≤10个	8～9

(续表)

项目		特 征	得分
		有少量小白点,周边较多,颗粒细小;杯壁有少量小白点和絮片	6～7
		有大量小白点和絮片,中间和四周无明显区别;杯壁有大量小白点和絮片而不下落	4～5
	团块 (10分)	0	10
		1≤团块≤5	8～9
		5<团块≤10	6～7
		团块>10	4～5
滋味及气味 (40分)	浓郁的乳香味		40
	乳香味不浓,无不良气味		32～39
	夹杂其他异味		24～31
	乳香味不浓同时明显夹杂其他异味		16～23

任务评价

项目	知识	技能	态度
评价内容	本任务你主要学习了哪些知识?你最感兴趣的是哪一个知识点?	在该任务的学习中,你获得了哪些技能?你还有哪些困惑?	本任务所学对你有所助益或启发吗?你觉得如何才能将理论运用于实践?
评分: ☆零散掌握 ☆☆部分掌握 ☆☆☆扎实掌握	□☆ □☆☆ □☆☆☆	□☆ □☆☆ □☆☆☆	□☆ □☆☆ □☆☆☆

任务拓展

1. 以小组为单位,对脱脂乳粉样品进行感官评定。感官评定细则见表2－11。

二维码38

表2－11 脱脂乳粉感官质量评鉴细则(RHB 202)

项目	特 征	得分
色泽 (10分)	色泽均一,呈浅白色;有光泽	10
	色泽均一,呈浅白色;略有光泽	8～9
	色泽有轻度变化	6～7
	色泽有明显变化	4～5

（续表）

项目	特征	得分
组织状态（20分）	颗粒均匀、适中、松散、流动性好	20
	颗粒较大或稍大、不松散，有结块或少量结块，流动性较差	16～19
	颗粒细小或稍小，有较多结块，流动性较差；有少量肉眼可见的焦粉粒	12～15
	粉质粘连，流动性非常差；有较多肉眼可见的焦粉粒	8～11
冲调性（30分）	下沉时间（10分） ≤10 s	10
	11～20 s	8～9
	21～30 s	6～7
	≥30 s	4～5
	挂壁和小白点（10分） 小白点≤10个，颗粒细小；杯壁无小白点和絮片	10
	有少量小白点点，颗粒细小；杯壁上的小白点和絮片≤10个	8～9
	有少量小白点，周边较多，颗粒细小；杯壁有少量小白点和絮片	6～7
	有大量小白点和絮片，中间和四周无明显区别；杯壁有大量小白点和絮片而不下落	4～5
	团块（10分） 0	10
	1≤团块≤5	8～9
	5<团块≤10	6～7
	团块>10	4～5
滋味及气味（40分）	脱脂乳粉特有的香味，气味自然	40
	该产品特有的香味不浓	32～39
	夹杂其他异味	24～31
	脱脂乳粉特有的香味不浓同时明显夹杂其他异味	16～23

知识链接

脱脂乳粉知多少

1. 概念

脱脂乳粉是指以脱脂乳为原料，经过杀菌、浓缩、喷雾干燥而制成的乳粉。因为脂肪含量很低（脂肪含量≤1.5%），所以耐保藏，不易引起氧化变质。脱脂粉一般多作为原料用于食品工业。脱脂乳粉按热处理程度分为低热脱脂粉、中热脱脂粉及高热脱脂粉；分类指标为乳清蛋白氮指数（WPNI），乳粉中未变性乳清蛋白的量与热处理程度成反比。

2. 脱脂乳粉工艺

脱脂乳粉的生产工艺流程如图2-32所示。

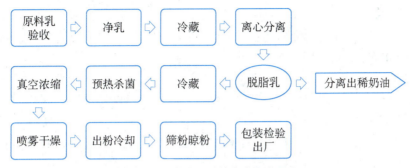

图 2-32 脱脂乳粉的生产工艺流程

3. 脱脂乳粉生产操作要点

（1）牛乳的预热与分离　牛乳预热温度达到 38℃ 上下即可分离脱脂，脱脂乳的含脂率要求控制在 0.1% 以下。

（2）预热杀菌　为使乳清蛋白质变性程度不超过 5%，并且减弱或避免蒸煮味，又能达到杀菌抑酶目的，脱脂乳的预热杀菌温度以 80℃、保温 15 s 为最佳条件。

（3）真空浓缩　为了不使过多的乳清蛋白质变性，脱脂乳的蒸发浓缩温度以不超过 65.5℃ 为宜，浓度为 15~17°Bé，乳固体含量可控制在 36% 以上。

（4）喷雾干燥　将浓缩脱脂乳按普通的方法喷雾干燥，即可得到普通脱脂乳粉。但是，普通脱脂乳粉因其乳糖呈非结晶型的玻璃状态，即 α-乳糖和 β-乳糖的混合物，有很强的吸湿性，极易结块。为克服上述缺点，并提高脱脂乳粉的冲调性，采取特殊的干燥方法生产速溶脱脂乳粉，可获得改善。

提示　乳粉开封后如何保存？

（1）乳粉开封后不宜存放于冰箱中　冰箱内外的温差和湿度有差别，加上频繁地取放，很容易造成乳粉潮解、结块和变质。应将乳粉放在室内避光、清洁、干燥、阴凉的环境中，并尽量在乳粉开封后一个月内食用。

（2）罐装乳粉，每次开罐使用后务必盖紧塑料盖　袋装乳粉，每次使用后要扎紧袋口。为便于保存和取用乳粉，袋装乳粉开封后，最好存放于洁净的乳粉罐内，乳粉罐使用前应用清洁、干燥的棉巾擦拭，勿用水洗，否则容易生锈。

（3）乳粉在规定的使用日期内也可能结块　正常乳粉应该松散柔软。开封后的乳粉可能由于空气中的水分进入，或者在乳粉使用过程中，不可避免带入少量的水滴，使乳粉受潮吸湿，容易发生结块。如果结块一捏就碎，这种乳粉质量变化不大。但是，如果结块较大、坚硬，说明乳粉质量已坏，应停止使用。

知识与技能训练

1. 知识训练

① 简述乳粉的种类和营养价值。
② 详述全脂乳粉的生产工艺流程及工艺要点。
③ 在喷雾干燥前为何要浓缩？
④ 喷雾干燥的原料及特点有哪些？

2. 技能训练

在教师的带领下,在三效降膜蒸发器工作示意图(如图2-33所示)上标注各管道名称,标注管道介质的名称和流向等内容。

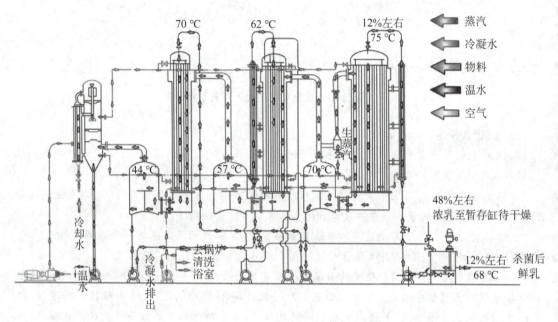

图2-33 三效降膜蒸发器工作示意图

任务2　婴儿配方乳粉加工

任务描述

进口奶粉和国产奶粉哪个好?很多"新手"父母都有这方面的疑问。近年来,国内奶制品企业技术水平不断提高,奶粉中的营养成分也越来越科学,企业也在不断地开发新产品以满足消费者的需要。在某些方面,国产奶粉已不逊于进口奶粉。请跟随我们的脚步,感受我国婴幼儿配方乳粉的成长之路吧!

知识准备

一、婴幼儿配方乳粉概念及种类

配方乳粉是20世纪50年代发展起来的一种乳制品,主要是针对婴儿的营养需要,即以类似母乳组成的营养素为基本目标,在乳中添加某些必要的营养成分,使其组成在质量和数量上接近母乳,经加工干燥而制成的一种乳粉。配方乳粉的种类:婴幼儿配方乳粉;儿童学生配方乳粉,分为儿童配方粉、中学生配方粉和大学生配方粉;中老年配方乳粉;特殊配方乳粉,常见的特殊配方乳粉包括高钙乳粉、早产儿乳粉、降糖乳粉、降血压乳粉、低过敏婴儿乳粉、酪乳粉、孕妇乳粉和免疫乳粉等。

二、婴儿配制乳粉中主要成分的调整原理及方法

(一)母乳与牛乳成分的比较

1. 蛋白质

母乳中蛋白质含量约为牛乳的1/3,在蛋白质构成上,二者恰恰相反。母乳中以乳清蛋白为主,酪蛋白含量少。母乳中蛋白质含量在1.0%~1.5%,其中酪蛋白为40%,乳清蛋白为60%;牛乳中的蛋白质含量为3.0%~3.7%,其中酪蛋白为80%,乳清蛋白为20%。母乳含酪蛋白少,乳清蛋白多。乳清蛋白可促进糖的合成,在胃中遇酸后形成较稀软的凝乳,利于消化吸收。牛乳中酪蛋白含量高,在婴幼儿胃内形成较大的坚硬凝块,不易消化吸收。母乳蛋白质总量虽较牛乳少,但所含必需氨基酸丰富,适于婴儿生长发育需要。并且,母乳中含有丰富的牛磺酸,对婴儿的大脑发育、智力发育和视力有重要作用。母乳蛋白质中的半胱氨酸、蛋氨酸含量比较高,且色氨酸与胱氨酸的比值低,这对婴儿生长很重要,这点比牛乳好。总的来说,母乳蛋白质在总的含量上虽低于牛乳,但消化利用率比牛乳高,蛋白质质量比牛乳好。

2. 脂肪

母乳100 mL含脂肪4.2 g,牛乳每100 mL含脂肪3.2~3.9 g,两者脂肪含量比较接近。严格地讲,牛乳含脂肪比母乳略低。母乳中的不饱和脂肪酸含量比牛乳多,不饱和脂肪酸与饱和脂肪酸含量之比为1:1,而牛乳为1:8。特别是不饱和脂肪酸中的亚油酸、亚麻酸、花生四烯酸三种易于消化吸收的必需脂肪酸,母乳比牛乳含量都高,这不但有利于消化吸收,而且可促进儿童神经系统的发育。母乳中还有一种脂肪酸分解酶,能将脂肪酸分解代谢氧化,从而促进钙的吸收。

3. 碳水化合物

乳糖是母乳和牛乳中唯一的碳水化合物。牛乳中乳糖含量为4.5%,母乳中为7.0%,母乳乳糖含量高于牛乳且变动不大。除供给热能外,一些乳糖在小肠中转变成乳酸,有利于预防肠道细菌的生长,并有助于钙和其他无机盐的吸收。

4. 无机盐及电解质

牛乳中无机盐的含量(0.7%),远高于母乳中的含量(0.2%),需要除去部分盐类。母乳含钙量虽较牛乳少得多,但由于母乳中钙和磷的比值为2:1,适合婴幼儿肠道吸收并可满足其需要。牛乳含铁量低于母乳,且母乳中铁吸收率高,约75%可被吸收,所以需要在牛乳中补充一部分铁,达到母乳的水平。

母乳中铜和锌的含量也比牛乳高,而且锌的生物利用率也优于牛乳。母乳中钠、钾、磷、氯均低于牛乳,但能满足婴儿的需要。

5. 维生素

母乳中维生素A、烟酸、维生素C含量较高,特别是维生素A,母乳每100 mL含150~600 IU。牛乳中维生素B_1和维生素B_2含量较高,但维生素D含量较少,母乳中的维生素D是以水溶性的含硫维生素D为主要成分,所以很容易吸收。母乳中维生素C的含量是牛乳

的 4 倍。牛乳中不但维生素 C 含量比母乳少,而且在加热消毒煮沸加工过程中,一部分维生素 C 被氧化破坏,故用牛乳喂养的儿童,也需要补充维生素 C。维生素 B 族大部分在母乳和牛乳中含量都比较少,母乳中含有维生素 B_{12} 和叶酸的配体,也能促进消化吸收,但两者比较,牛乳中维生素 B 族的含量比母乳的多。但是,牛乳在消毒加工过程中维生素 B_1、维生素 B_{12} 很多被破坏,所以用牛乳就需要补充这些维生素。

6. 其他

母乳优于牛乳还有一个很重要的方面,就是含有多种免疫物质,对婴儿能起到较强的保护作用。比如,母乳中溶菌酶的含量比牛乳高 300 倍左右,这种溶菌酶能溶解细菌的胞壁而杀死细菌。母乳中还含有乳过氧化物酶,它能杀死链球菌和葡萄球菌。母乳中还含有大量的白细胞,其中 90%以上是吞噬细胞。母乳中还含有 T 细胞、乳铁蛋白、胱氨酸、酶类和干扰素等,这些都比牛乳含量多,能增强儿童的抵抗力,这是牛乳所不能及的。

(二) 婴幼儿配方乳粉中各成分的调整

1. 蛋白质的调整

用乳清蛋白和植物蛋白取代部分酪蛋白,按照母乳中酪蛋白与乳清蛋白的比例为 1:1.5(质量比)来调整牛乳中蛋白质含量。可以向婴儿配方食品中添加乳免疫球蛋白浓缩物,来完成牛乳婴儿食品的免疫生物学强化。

2. 脂肪的调整

添加植物油,常使用的是精炼玉米油和棕榈油。棕榈酸会增加婴儿血小板血栓的形成,故后者添加量不宜过多。生产中应注意有效抗氧化剂的添加。

3. 碳水化合物的调整

添加蔗糖、麦芽糊精及乳清粉。

4. 无机盐的调整

用脱盐率要大于 90% 的脱盐乳清粉,其盐的质量分数在 0.8% 以下。

5. 维生素的调整

配制乳粉中一般添加的维生素有维生素 A、维生素 B_1、维生素 B_6、维生素 B_{12}、维生素 C、维生素 D 和叶酸等。在婴幼儿乳粉中,叶酸和维生素 C 是必须强化添加的。为了促进钙、磷的吸收,提高二者的蓄积量,维生素 D 的含量必须达到 300~400 IU/d。维生素在添加时一定要注意维生素(也包括灰分)的可耐受最高摄入量,防止因添加过量而对婴儿产生毒副作用。

6. 其他微量成分的调整

婴儿配方乳粉的成分调整应具有更合理的生理营养价值和安全性,其成分要更接近母乳。因此,在婴儿配方乳粉成分的调整上,还需要注意对母乳中存在的其他微量营养成分如免疫物质等进行研究和强化。

(1) 核苷酸 核苷酸是母乳中非蛋白氮(NPN)的组成部分,也是 DNA 和 RNA 的前体物质。牛乳中仅含微量的核苷酸,需要在婴幼儿配方乳粉中强化添加。

(2) 双歧因子 双歧因子可以促进双歧乳杆菌的繁殖,调节肠道菌群平衡,使通便性良好,同时可促进婴幼儿对氨基酸和脂肪的吸收。

(3) 牛磺酸　牛磺酸是哺乳动物乳汁中含量丰富的游离氨基酸,是人体必需的氨基酸,尤其是对大脑及视网膜的发育最为重要。

(4) 溶菌素、免疫蛋白等　溶菌素、免疫蛋白 IgA、乳过氧化物酶等具有抗菌和抗病毒的作用,同时还具有广义的免疫作用。

三、婴儿配方乳粉加工工艺

婴儿配方乳粉的加工分为干法加工工艺和湿法加工工艺。干法加工工艺是在乳粉中添加各种营养素;而湿法加工工艺,是在鲜奶中添加各种营养素,让添加的成分很好地和鲜奶融合在一起。湿法工艺可有助于各类营养的融合,在冲泡的时候能够充分溶解,更利于人体吸收。婴儿配方乳粉生产工艺流程,如图 2‑34 所示,与全脂乳粉大致相同。

图 2‑34　婴儿配方乳粉生产工艺流程

1. 配料

按比例要求,将各种物料与 10℃左右经过预处理的原料乳混合于配料缸中,开动搅拌器,使物料混匀。

2. 均质、杀菌、真空浓缩

混合料预热到 55℃,加入脂肪物料,然后均质,均质压力一般控制在 15～20 MPa;杀菌和浓缩的工艺要求和乳粉生产相同,杀菌温度为 85℃、16 s,浓缩后的物料浓度控制在 46% 左右。

3. 喷雾干燥

喷雾干燥的进风温度为 150～160℃,排风温度为 80～85℃,塔内负压 196 Pa。

婴儿配方乳粉包括Ⅰ、Ⅱ、Ⅲ三种配方。婴儿配方乳粉Ⅰ是以新鲜牛乳或羊乳、白砂糖、大豆、饴糖为主要原料,加入适量的维生素和矿物质,经一系列加工工艺制成的供婴儿

二维码41

食用的粉末状产品。婴儿配方乳粉Ⅱ和Ⅲ是以新鲜牛乳或羊乳、脱盐乳清粉(配方Ⅱ)、麦芽糊精(配方Ⅲ)、精炼植物油、奶油、白砂糖为主要原料,加入适量的维生素和矿物质,经加工制成的供6个月以内婴儿食用的粉末状产品。

1. 以小组为单位,对婴儿配方乳粉样品进行感官评定。感官评定细则见表2-12。

表2-12 婴儿配方乳粉感官质量评鉴细则(RHB 204)

项目	特 征		得分
色泽 (10分)	色泽均一,呈乳黄色、浅黄色、浅乳黄色、深黄色等颜色;有光泽		10
	色泽均一,呈乳黄色、浅黄色、浅乳黄色、深黄色等颜色;略有光泽		8~9
	色泽基本均一,呈乳黄色、浅黄色、浅乳黄色、深黄色等颜色;基本无光泽		6~7
	色泽明显不均一、发暗,无光泽		4~5
组织状态 (20分)	颗粒均匀、适中、松散、流动性好		20
	颗粒较大或稍大,不松散,有结块或少量结块,流动性较差		16~19
	颗粒细小或稍小,有较多结块,流动性较差;有少量肉眼可见的焦粉粒		12~15
	粉质粘连,流动性非常差;有较多肉眼可见的焦粉粒		8~11
冲调性 (30分)	下沉时间 (10分)	≤10 s	10
		11~20 s	8~9
		21~30 s	6~7
		≥30 s	4~5
	挂壁和小白点 (10分)	小白点≤10个,颗粒细小;杯壁无小白点和絮片	10
		有少量小白点,颗粒细小;杯壁上的小白点和絮片≤10个	8~9
		有少量小白点,周边较多,颗粒细小;杯壁有少量小白点和絮片	6~7
		有大量小白点和絮片,中间和四周无明显区别;杯壁有大量小白点和絮片而不下落	4~5
	团块 (10分)	0	10
		1≤团块≤5	8~9
		5<团块≤10	6~7
		团块>10	4~5
滋味及气味 (40分)	婴儿配方乳粉特有的香味,气味自然		40
	该产品特有的香味不浓,稍有植物油脂气味		32~39
	夹杂其他异味		24~31
	乳香味不浓同时明显夹杂其他异味		16~23

2. 请小组合作,在婴儿配方奶粉生产工艺流程图(如图 2-35 所示)上标注生产设备、工艺参数和工艺关键点等内容。

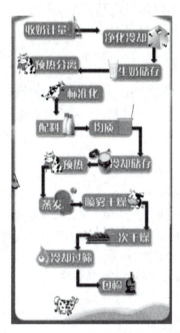

图 2-35 婴儿配方奶粉加工工艺流程

3. 分小组在乳制品加工技术 VR 系统中完成婴儿乳粉的加工操作,借助 VR 沉浸式操作,能对乳粉的加工有更全面的认识。

任务评价

项目	知识	技能	态度
评价内容	本任务你主要学习了哪些知识?你最感兴趣的是哪一个知识点?	在该任务的学习中,你获得了哪些技能?你还有哪些困惑?	本任务所学对你有所助益或启发吗?你觉得如何才能将理论运用于实践?
评分: ☆零散掌握 ☆☆部分掌握 ☆☆☆扎实掌握	□☆ □☆☆ □☆☆☆	□☆ □☆☆ □☆☆☆	□☆ □☆☆ □☆☆☆

牛初乳知多少

在国外,牛初乳早被描述为"大自然赐给人类的真正白金食品",2000 年更被美国食品科技协会列为21世纪最佳发展前景的非草药类天然健康食品。牛初乳已成为食品及功能性乳制品开发的热点。请分小组阅读中国乳制品行业规范 RHB 602《牛初乳粉》，了解牛初乳粉的感官、理化要求等内容；上网查询关于牛初乳粉的相关知识和生产工艺流程，对牛初乳粉能有全面的认识。

知识链接

带你了解"史上最严"乳粉政策

国家食药监总局于2016年10月1日起正式施行《婴幼儿配方乳粉产品配方注册管理办法》，进一步提升了婴幼儿配方乳粉行业准入门槛，较大程度改善了配方、品牌乱象，被业界称为"史上最严"乳粉新政。

1. 注册管理，严格限定申请人条件

只有具备相应的研发能力、生产能力、检验能力，符合粉状婴幼儿配方食品生产规范要求，实施危害分析与关键控制点体系，出厂产品按照有关法律法规和婴幼儿配方乳粉食品安全国家标准规定的项目，实施逐批检验的婴幼儿配方乳粉生产企业才能申请产品配方注册。

2. 每个企业，禁超3个系列9种配方

要求每个企业原则上不得超过3个配方系列9种产品配方，旨在通过限制企业配方数，减少企业恶意竞争，树立优质国产品牌，让群众看得清楚，买得明白，真正得到实惠。为优化企业产能、满足市场需要，允许同一集团公司全资子公司可使用集团公司内另一全资子公司已经注册的产品配方。

3. 禁止使用"益智""进口奶源"字样

在规范标签标识方面，要求申请人申请注册时一并提交标签和说明书样稿及标签，以及说明书中声称的说明、证明材料，并对标签和说明书表述要求作出细致规定。例如，对产品中声称生乳、原料乳粉等原料来源的，要求如实标明具体来源地或者来源国，不允许使用"进口奶源""源自国外牧场""生态牧场""进口原料"等模糊信息；不允许在标签和说明书中明示或者暗示具有益智、增加抵抗力或者免疫力、保护肠道等功能。

2018年6月11日国务院办公厅发布《关于推进奶业振兴保障乳品质量安全的意见》（以下简称《意见》），要求到2020年奶业产品监督抽检合格率达到99%以上，严禁进口大包装婴幼儿配方乳粉到境内分装。提出了明确的发展目标，到2020年，奶业综合生产能力大幅提升，100头以上规模养殖比重超过65%，奶源自给率保持在70%以上。乳品质量安全水平大幅提高，产品监督抽检合格率达到99%以上。奶业生产与生态协同发展，养殖废弃物综合利用率达到75%以上。到2025年，奶业实现全面振兴，基本实现现代化，奶源基地、产品加工、乳品质量和产业竞争力整体水平进入世界先进行列。

加强优质奶源基地建设。突出重点，巩固发展东北和内蒙古产区、华北和中原产区、西北产区，打造我国黄金奶源带。积极开辟南方产区，稳定大城市周边产区。以荷斯坦牛等优质高产奶牛生产为主，积极发展乳肉兼用牛、奶水牛、奶山羊等其他奶畜生产，进一步丰富奶源结构。

此外，《意见》强调，加大婴幼儿配方乳粉监管力度。严厉打击非法添加非食用物质、超范围超限量使用食品添加剂、涂改标签标识以及在标签中标注虚假、夸大的内容等违法行为。严禁进口大包装婴幼儿配方乳粉到境内分装。

提示 如何读懂婴幼儿配方乳粉标签？

看标签→看产品名称→看生产日期和保质期→看配料表和营养成分表→看贮存条件。不宜擅自给宝宝食用特殊医学用途婴儿配方食品;不要购买或食用无标签或标签信息不全、内容不清晰,掩盖、补印或篡改日期的产品;选择保质期内产品,并优先选择生产日期距购买日期较近的产品。

知识与技能训练

1. 知识训练

① 在生产婴儿配方乳粉时,调整蛋白质和脂肪的依据是什么?
② 在生产婴儿配方乳粉时为何要调整乳糖含量?调整后需要达到什么标准?
③ 绘图说明湿法生产婴儿配方乳粉的生产工艺流程,并阐述其工艺操作要点。

2. 技能训练

小组合作,比较两种婴儿配方乳粉的生产工艺流程图,如图 2-36 所示。说说它们在配方和工艺上的不同之处。

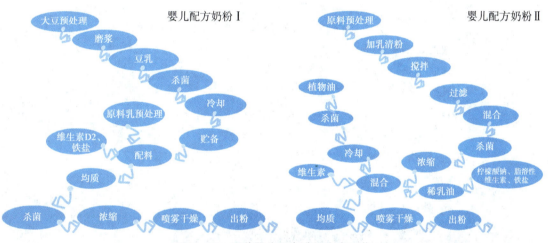

图 2-36 两种婴儿配方乳粉生产工艺

项目四
干酪的加工

知识目标

1. 认识干酪的分类、特性、组成及营养价值。
2. 熟悉干酪凝乳方法及原理。
3. 知晓干酪专用发酵剂的种类和作用。
4. 概述干酪的加工工艺及操作要点。
5. 归纳干酪生产中的常见问题及控制措施。

技能目标

1. 能借助标准文件对干酪样品进行感官评定。
2. 能按标准完成天然干酪和再制干酪的加工。

任务1 天然干酪的加工

任务描述

世界上有130多个国家生产奶酪,年产量近2 000万吨。奶酪具有非常悠久的历史,是一种古老的乳制品。相传,有一位阿拉伯人要穿过一片沙漠,临行前他将乳液装在用羊胃制成的皮袋里,以备路上食用。经过昼夜的日晒和颠簸,皮袋中的皱胃酶将乳液凝固又震碎,凝乳与乳清分离,形成了奶酪。请跟随我们的脚步,领略这款神奇美味的前世今生吧!

知识准备

一、干酪的基础知识

(一) 干酪的定义

由 GB 5420《食品安全国家标准 干酪》可知,干酪是成熟或未成熟的软质、半硬质、硬质或特硬质、可有包衣的乳制品。其中,乳清蛋白/酪蛋白的比例不超过牛(或其他奶畜)乳中的相应比例(乳清干酪除外)。干酪由下述任一方法获得:

① 乳和(或)乳制品中的蛋白质在凝乳酶或其他适当的凝乳剂的作用下凝固或部分凝固后(或直接使用凝乳后的凝乳块为原料),添加或不添加发酵菌种、食用盐、食品添加剂、食品营养强化剂,排出或不排出(以凝乳后的蛋白质凝块为原料时)乳清,经发酵或不发酵等工序制得的固态或半固态产品。

② 加工工艺中包含乳和(或)乳制品中蛋白质的凝固过程,并赋予成品与①所描述产品类似的物理、化学和感官特性。

注意 工艺①和②均可以添加有特定风味的其他食品原料(添加量不超过8%),如白砂糖、大蒜、辣椒等;所得固态产品可加工为多种形态,且可以添加其他食品原料(添加量不超过8%)防止产品粘连。有特定风味的其他食品原料和防止产品粘连的其他食品原料总量不超过8%。

干酪主要有成熟干酪、霉菌成熟干酪和未成熟干酪(包括新鲜干酪)3个种类。成熟干酪是生产后不马上使(食)用,应在特定的温度等条件下存放一定时间,通过生化和物理变化产生该类产品特性的干酪。霉菌成熟干酪是主要通过干酪内部和(或)表面的特征霉菌生长而促进其成熟的干酪。未成熟干酪(包括新鲜干酪)则是生产后不久即可使(食)用的干酪。

(二) 干酪的种类

1. 国际通用分类

通常把干酪划分为3大类,即天然干酪、再制干酪和干酪食品。

(1) 天然干酪 以乳、稀奶油、脱脂乳、酪乳或这些原料的混合天然干酪物为原料,经凝固,并排除部分乳清而制成的新鲜或经发酵成熟的产品。

(2) 再制干酪 用天然干酪经粉碎、混合、加热融化、乳化后而(融化干酪)制成的产品,含乳固体40%以上。

(3) 干酪食品 用天然干酪或融化干酪经粉碎、混合、加热融化而制成的产品。产品中奶酪含量必须占50%以上。

2. 其他分类

(1) 按水分在干酪非脂成分中的比例不同 可分为特硬质、硬质、半硬质、半软质和软质干酪。

(2) 按脂肪在干酪非脂成分的比例不同 可分为全脂、中脂、低脂和脱脂干酪。

(3) 按发酵成熟情况的不同 可分为细菌成熟干酪、霉菌成熟干酪和新鲜的干酪。

(三) 干酪的营养成分和营养价值

干酪含有丰富的蛋白质、脂肪等有机成分和钙、磷等无机盐类,以及多种维生素及微量元素。

1. 干酪的基本营养成分

（1）水分　通常，软质干酪为40%～60%，半硬质干酪为38%～45%，硬质干酪为25%～36%，特硬质干酪为25%～30%。

（2）脂肪　干酪中脂肪含量一般占干酪总固形物的45%以上。脂肪不仅赋予干酪良好的风味和细腻的口感，还可提供人体所需的一部分能量，在体内的消化率为88%～94%。另外，干酪中胆固醇含量在奶酪中也较低，通常为0～100 mg/100 kg。

（3）蛋白质　干酪中的蛋白质含量一般在3%～40%，每100 g软干酪可提供一个成年人日蛋白质需求量的35%～40%，而每100 g硬质干酪可提供50%～60%。酪蛋白是干酪的主要成分。原料乳中的酪蛋白因酸或凝乳酶作用而凝固，形成干酪的组织，并包拢乳脂肪球。白蛋白和球蛋白不被酸或凝乳酶凝固，但在酪蛋白形成凝块时，其中一部分被机械地包含在凝块中。用高温加热乳制造的干酪中含有较多的白蛋白和球蛋白，给酪蛋白的凝固带来了不良影响，容易形成软质凝块。

（4）乳糖　原料乳中的乳糖大部分转移到乳清中。残存在干酪凝块中的部分乳糖可促进乳酸发酵，产生乳酸抑制杂菌繁殖，提高添加菌的活力，促进干酪成熟。

（5）无机物　干酪中含有钙、磷、镁、钠等人体必需的矿物质，在干酪成熟过程中与蛋白质的可融化现象有关。其中，含量最多的是钙和磷。由于奶酪加工工艺的需要，会添加钙离子，使钙的含量增加，易被人体吸收。钙可以促进凝乳酶的凝乳作用。每100 g软质奶酪可满足人钙日需求量的30%～40%、磷日需求量的12%～20%。每100 g硬质干酪可完全满足人体每日的钙需求量，40%～50%的磷日需求量。

（6）维生素　牛乳的酪蛋白被凝结，而乳清被排出，因此奶酪中含有较多的脂溶性维生素，而水溶性维生素大部分随乳清排出。在干酪的成熟过程，由于各种酶及微生物的作用，可以合成维生素B、烟酸、叶酸、生物素等，而维生素C的含量很少，可以忽略不计。

2. 干酪的营养价值

每1 kg干酪制品浓缩了10 kg牛乳的蛋白质、钙和磷等人体所需的营养素。

（1）补充维生素　干酪中维生素A、维生素D、维生素E和维生素B_1、维生素B_2、维生素B_6、维生素B_{12}及叶酸的含量均极丰富，有利于儿童的生长发育。

（2）补钙　干酪中含有钙、磷、镁等重要矿物质。每100 g奶酪钙含量达690～1 300 mg，其钙磷比值为1.5∶1～2.0∶1，而且大部分的钙与酪蛋白结合，吸收利用率很高，对儿童骨骼生长和健康发育均起到十分重要的作用。

（3）易被消化吸收　干酪经过微生物的发酵作用，在凝乳酶及微生物中蛋白酶的分解作用下，蛋白质形成氨基酸、肽、胨等小分子物质，因此很容易消化，其蛋白质消化率达96%～98%，高于全脂牛乳91.9%的消化率。

（4）提供多不饱和脂肪酸　干酪中的脂肪为乳脂肪含量的5.5%～30.6%，乳脂含有一定量的亚油酸和亚麻油酸，为儿童生长发育所必需。乳脂中含有的磷脂酰胆碱和鞘磷脂，与婴幼儿的智力发育有密切关系。

（5）其他　γ-氨基丁酸(γ-GABA)是就由谷氨酸脱羧而来，因此很多奶酪中都含有γ-氨基丁酸。γ-氨基丁酸是一种具有降血压、抗惊厥、镇痛、改善脑机能、精神安定、促进长期记忆、肾功能活化、肝功能活化等作用的功能因子。

二、干酪发酵剂

(一) 干酪发酵剂的概念和种类

干酪的种类繁多,且风味各有特色,这主要是由于使用了不同的发酵菌种。

干酪发酵剂是指在制作干酪的过程中,用来使干酪发酵与成熟的特定微生物培养物。干酪发酵剂主要分为细菌发酵剂和霉菌发酵剂两大类。

1. 细菌发酵剂

细菌发酵剂主要以乳酸菌为主,主要目的在于产酸和相应的风味物质。使用的主要细菌有乳酸链球菌、乳脂链球菌、干酪乳杆菌、丁二酮链球菌、嗜发酵乳杆菌、保加利亚乳杆菌以及嗜柠檬酸明串珠菌等。有时为了使干酪形成特有的组织状态,还要使用丙酸菌。

2. 霉菌发酵剂

霉菌发酵剂中的菌种主要有对脂肪分解能力强的卡门培尔干酪青霉、干酪青霉、娄地青霉等。另外,某些酵母如解脂假丝酵母等也在一些品种的干酪中得到应用。

(二) 干酪发酵剂的作用和组成

1. 干酪发酵剂的作用

依据其菌种的组成、特性及干酪的生产工艺条件,发酵剂可产生不同的作用,主要表现在以下5个方面。

(1) 为凝乳酶的作用创造条件　干酪发酵剂发酵乳糖产生乳酸,为乳酶创造良好的pH条件和酸性环境,使乳中可溶性钙的浓度升高,促进凝乳酶的活力,使凝乳作用得到增强。

(2) 促进凝块的形成和乳清的排出　在干酪的加工过程中,乳酸可促进凝块的收缩,产生良好的弹性,利于乳清的渗出,赋予制品良好的组织状态。

(3) 抑制杂菌的污染和繁殖　在干酪加工和成熟过程中产生一定浓度的乳酸,有的菌种还可以产生相应的抗生素,较好地抑制污染杂菌的繁殖,保证成品的品质。

(4) 提高营养价值和风味　发酵剂中的某些微生物可以产生相应的分解酶,分解蛋白质、脂肪等物质,提高制品的营养价值,还可形成制品特有的芳香风味。

(5) 改进产品的组织状态　由于丙酸菌的丙酸发酵,使乳酸菌的乳酸还原,产生丙酸和二氧化碳气体,使某些硬质干酪产生特殊的孔眼特征。

2. 干酪发酵剂的组成

作为某一种干酪的发酵剂,必须选择符合制品特征和需要的专门菌种。根据菌种组成情况可将干酪发酵剂分为单一菌种发酵剂和混合菌种发酵剂两种。

(1) 单一菌种发酵剂　只含有一种菌种,如乳酸链球菌或乳酪链球菌等。其优点主要是经过长期活化和使用,其活力和性状变化较小。缺点是容易受到噬菌体的侵染,造成繁殖受阻和酸的生成迟缓等。

(2) 混合菌种发酵剂　由两种或两种以上菌种,按一定比例组成的干酪发酵剂。干酪的生产中多采用这一类发酵剂。其优点是能够形成乳酸菌的活性平衡,较好地满足制品发酵成熟的要求,避免全部菌种同时被噬菌体污染,从而减少其危害程度。不足之处是每次活化培养后,菌相会变化,很难保证原来菌种的组成比例,长期保存培养,活力会发生变化。

干酪发酵剂一般均采用冷冻干燥技术生产和真空复合金属膜包装。

三、凝乳酶及其代用酶

（一）凝乳酶

小牛等反刍动物的皱胃分泌一种具有凝乳功能的酶类，可以使胃中的乳汁迅速凝结，从而减缓其流入小肠的速度，这种皱胃的提取物便称为皱胃酶。皱胃酶常称为凝乳酶，由犊牛第四胃室（皱胃）提取，是干酪制作必不可少的凝乳剂，可以分为液状、粉状及片状3种制剂。

1. 凝乳酶的性质

凝乳酶的等电点pH值为4.45～4.65。作用最适pH值为4.8左右，凝固乳最适温度为40～41℃。在弱碱（pH值为9）、强酸、热、超声波的作用下而失活。生产上用凝乳酶制造干酪时的凝固温度通常为30～35℃，时间为20～40 min。温度过高，某些乳酸菌的活力降低，影响干酪的凝聚时间；使用过量的凝乳酶、温度上升或延长时间，则凝块变硬。温度在20℃以下或50℃以上则凝乳酶活力减弱。

2. 影响凝乳酶凝乳的因素

（1）pH值的影响　pH值低，凝乳酶活性增高，并使酪蛋白胶束的稳定性降低，导致凝乳酶的作用时间缩短，凝块较硬。

（2）钙离子的影响　钙离子不仅对凝乳有影响，而且也影响副酪蛋白的形成。酪蛋白所含的胶质磷酸钙是凝块形成必需的成分。增加乳中的钙离子可缩短凝乳酶的凝乳时间，并使凝块变硬。因此，在许多干酪的生产中向杀菌乳中加入氯化钙。

（3）温度的影响　温度不仅对副酪蛋白的形成有影响，更主要的是，对副酪蛋白形成凝块过程的影响。凝乳酶的凝乳作用，在40～42℃作用最快，15℃以下或65℃以上则不发生作用。

（4）牛乳加热的影响　若先加热至42℃以上，再冷却到凝乳所需的正常温度后，添加凝乳酶，则凝乳时间延长，凝块变软，这种现象称为滞后现象。其主要原因是乳在42℃以上加热处理时，酪蛋白胶粒中磷酸盐和钙离子被游离出来所致。

（二）皱胃酶的代用凝乳酶

19世纪末期，随着乳品加工业的发展，人们对皱胃酶的需求量逐渐增大，推动了皱胃酶工业化生产的进程。20世纪，随着干酪加工业在世界范围内的兴起，先前以宰杀小牛而获得皱胃酶的方式已经不能满足工业生产的需要，而且成本较高。为此，人们开发了多种皱胃酶的替代品，如发酵生产的凝乳酶，从成年牛胃中获取的皱胃酶，或采用多种微生物来源的凝乳剂等。代用凝乳酶按来源可分为动物性凝乳酶、植物性凝乳酶、微生物凝乳酶及遗传工程凝乳酶等。

四、天然干酪加工技术

（一）天然干酪加工工艺流程

各种天然干酪的生产工艺基本相同，只是在个别工艺环节上有所差别。以硬质和半硬质干酪加工为例说明。天然干酪生产基本工艺流程如图 2-37 所示。

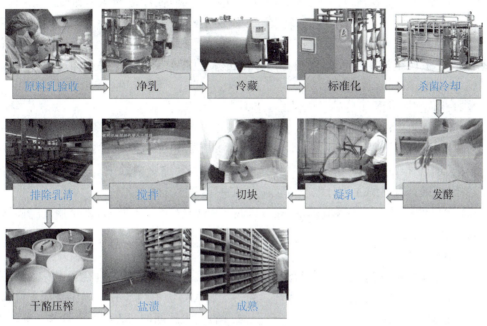

图 2-37 天然干酪生产工艺流程

（二）天然干酪生产工艺解析及操作要点

1. 原料乳的预处理

生产干酪的原料乳须经感官检查、酸度测定（牛乳 18°T，羊乳 10~14°T）或酒精实验，必要时进行青霉素试验及其他抗生素试验。检查合格后，进行原料乳的预处理。

先净乳、冷藏。用于生产干酪的牛乳除非是再制乳，否则通常不用均质。因为均质导致结合水能力大大上升，对生产硬质和半硬质类型的干酪不利。

为了保证每批干酪的质量均一，组成一致，成品符合标准，在加工之前要对原料乳进行标准化。首先，要准确测定原料乳的乳脂率和酪蛋白的含量，调整原料乳中脂肪和非脂乳固体之间的比例，使其比值符合产品要求。生产干酪时不仅要对原料乳进行脂肪标准化，还要对酪蛋白以及酪蛋白与脂肪的比例（C/F）进行标准化，一般要求 C/F 为 0.7。

完成标准化操作后，进行原料乳的杀菌，一般采用 63℃、30 min 的保温杀菌（LTLT）或 71~75℃、15 s 的高温短时间杀菌（HTST）。

2. 发酵

原料乳经杀菌后，直接打入干酪槽中，此时要避免在牛乳中裹入空气。干酪槽为水平卧式长椭圆形不锈钢槽，且有保温（加热或冷却）夹层及搅拌器（手工操作时为干酪铲和干酪耙）。将干酪槽中的牛乳冷却到 30~32℃，然后按操作要求加入发酵剂。取原料乳量的 1%~2% 制好的工作发酵剂，边搅拌边加入，并在 30~32℃ 条件下充分搅拌 3~5 min。为了促进凝固和正常成熟，加入发酵剂后应短时间发酵，以保证充足的乳酸菌数量，此过程称为预酸化。经 10~15 min 的预酸化后，取样测定酸度。不同类型的干酪需要使用发酵剂的剂量不同。

为了使凝块硬度适宜、色泽一致，防止产气菌的污染，使成品质量一致，要加入相应的添加剂，如添加氯化钙、色素、CO_2 和硝石等。添加发酵剂并经 30～60 min 发酵后，酸度为 0.18%～0.22%，但乳酸发酵酸度很难控制。为使干酪成品质量一致，可用 1 mol/L 的盐酸调整酸度，一般调整酸度至 0.21% 左右，具体的酸度值应根据干酪的品种而定。

3. 凝乳

添加凝乳酶形成凝乳是一个重要的工艺环节。

（1）凝乳酶的添加　为了便于凝乳酶分散，先用 1% 的食盐水将酶配成 2% 溶液，并在 28～32℃ 保温 30 min，然后加入乳中，小心搅拌牛乳不超过 2～3 min。在随后的 8～10 min 内乳静止下来是很重要的，这样可以避免影响凝乳过程和酪蛋白损失。也可使用自动计量系统，将经水稀释凝乳酶通过分散喷嘴而喷洒在牛乳表面。

（2）凝乳的形成　添加凝乳酶后，在 32℃ 条件下静置 30 min 左右，即可使乳凝固，达到凝乳的要求。

4. 凝块切割

当乳凝固后，凝块达到适当硬度时，用干酪刀（如图 2-38 所示）在凝乳表面切深为 2 cm、长为 5 cm 的切口，用食指斜向从切口的一端插入凝块中约 3 cm。当手指向上挑起时，如果切面整齐平滑，指上无小片凝块残留，且渗出的乳清透明时，即可开始切割。干酪刀分为水平式和垂直式两种，钢丝刃间距一般为 0.79～1.27 cm，用干酪刀将凝乳切成 0.7～1.0 cm 的小立方体，动作要轻、稳，防止将凝块切得过碎和不均匀，影响干酪的质量。

图 2-39 所示为一个普通开口干酪槽，带有干酪生产的用具，它装有几个可更换的搅拌和切割工具，可在干酪槽中执行搅拌(A)、切割(B)、乳清排放(C)、槽中压榨(D)的工艺。

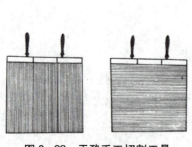

图 2-38　干酪手工切割工具

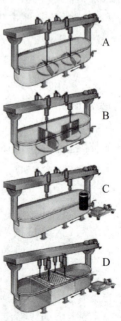

图 2-39　普通干酪槽

图 2-40 所示为现代化的密封水平干酪罐，搅拌和切割由焊在一个水平轴上的工具来完成。水平轴由一个带有频率转换器的装置驱动。有双重用途，是搅拌还是切割取决于其转动方向。凝块被剃刀般锋利的辐射状不锈钢刀切割，不锈钢刀背呈圆形，以给凝块的轻柔而有效的搅拌。另外，干酪槽可安装一个自动操作的乳清过滤网，能良好分散凝固剂（凝乳酶）的喷嘴以及能与 CIP（就地清洗）系统连接的喷嘴。

图 2-40　密封水平干酪罐

5. 凝块的搅拌及加温

凝块切割后（此时测定乳清的酸度），开始用干酪耙或干酪搅拌器轻轻搅拌，加速乳清的排除。刚刚切割后的凝块颗粒对机械处理非常敏感，因此搅拌必须很缓和，足够快，以确保颗粒能悬浮于乳清中。经过 15 min 后，搅拌速度可稍微加快。同时，在干酪槽的夹层中通入热水，使温度逐渐升高。升温的速度应严格控制，初始时每 3～5 min 升高 1 ℃，当温度升至 35 ℃时，则每隔 3 min 升高 1 ℃。当温度达到 38～42 ℃（应根据干酪的品种具体确定终止温度）时，停止加热并维持此时的温度。

升温和搅拌是干酪制作工艺中的重要过程，它关系到生产的成败和成品质量的好坏。

6. 排除乳清

在搅拌升温的后期，乳清酸度达 0.17%～0.18%时，凝块收缩至原来的一半（豆粒大小），用手捏干酪粒，感觉有适度弹性；或用手握一把干酪粒，用力压出水分后放开，如果干酪粒富有弹性，搓开仍能重新分散，即可排除全部乳清。乳清由干酪槽底部金属网排出。此时应将干酪粒堆积在干酪槽的两侧，促进乳清的进一步排出。此操作也应按干酪品种的不同而采取不同的方法。排除的乳清脂肪含量一般约为 0.3%，蛋白质 0.9%。若脂肪含量在 0.4%以上，证明操作不理想，应将乳清回收，作为副产物综合加工利用。

7. 压榨

乳清排除后，将干酪粒堆积在干酪槽的一端或专用的堆积槽中，上面用带孔木板或不锈钢板压 5～10 min，使其成块，并继续排出乳清，这一过程即为堆积。

将堆积后的干酪块切成方砖形或小立方体，装入成型器中压榨定型。依干酪的品种不同，干酪成型器形状和大小也不同。成型器周围设有小孔，由此渗出乳清。在内衬网的成型器内装满干酪凝块后，放入压榨机中压榨定型。压榨的压力与时间依干酪的品种各异。先预压榨，一般压力为 0.2～0.3 MPa，时间为 20～30 min。预压榨后取下调整，视其情况，可以再进行一次预压榨或直接正式压榨。将干酪反转后装入成型器内以 0.4～0.5 MPa 的压力在 15～20 ℃（有的品种要求在 30 ℃）条件下再压榨 12～24 h。压榨结束后，从成型器中取出的干酪称为生干酪。图 2-41 所示为带有气动操作压榨平台的垂直压榨器。

8. 盐渍

加盐目的在于改进干酪的风味、组织和外观。加盐可进一步排除内部乳清或水分，从而增加干酪的硬度，限制乳酸菌的生成和干酪的成熟，还可防止和抑制杂菌的繁殖。盐的加入量依干酪的品类而有所不同，除少数例外，干酪中盐含量为 0.5%～2%。加盐的方法主要有如下 3 种。

图 2-41 带有气动操作压榨平台的垂直压榨器

(1) 干盐法 在定型压榨前,将所需的食盐撒布在干酪粒(块)中,或者将食盐涂布于生干酪表面。可手工或机械加干盐。干盐在料斗或类似容器中定量,尽可能地手工均匀撒在已彻底排放了乳清的凝块上。

(2) 湿盐法 将压榨后的生干酪浸于盐水池中浸盐。盐水质量浓度,第1~2天为17~18 mg/100 mL,以后保持20~23 mg/100 mL。为了防止干酪内部产生气体,盐水温度控制在8℃左右,浸盐时间4~6 d。图2-42所示为带有容器和盐水循环设备的盐渍系统。

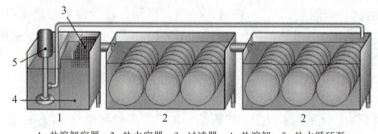

1-盐溶解容器 2-盐水容器 3-过滤器 4-盐溶解 5-盐水循环泵

图 2-42 带有容器和盐水循环设备的盐渍系统

(3) 混合法 在定型压榨后先涂布食盐,过一段时间后再浸入食盐水中的方法。

9. 成熟

生干酪在盐化之后必须贮存一段时间,在此期间干酪成熟。将新鲜干酪置于一定温度和一定湿度的条件下,经一定时期,在乳酸菌等有益微生物和凝乳酶的作用下,使干酪发生一系列的物理和生物化学变化的过程,称为干酪的成熟。此过程一般持续2周或3周至2年时间。成熟之前的干酪在感官特征尤其在含水量上并没有明显的差别,而干酪成熟的目的就在于赋予某种干酪以独特的外观、口感、香味、质地和功能,形成世界各地成百上千不同风味的干酪品种。

(1) 成熟的条件 干酪的成熟通常在成熟库(室)内进行。成熟时低温比高温效果好,一般为5~15℃。相对湿度,一般细菌成熟硬质和半硬质干酪为85%~90%,而软质干酪及霉菌成熟干酪为95%。图2-43所示为干酪机械化贮存室。

(2) 成熟的过程

① 前期成熟：将待成熟的新鲜干酪放入温度、湿度适宜的成熟库中，每天用洁净的棉布擦拭其表面，防止霉菌的繁殖。为了使表面的水分均匀蒸发，擦拭后要反转放置。此过程一般要持续15～20 d。

② 上色挂蜡：为了防止霉菌生长和增加美观，将前期成熟后的干酪清洗干净后，用食用色素染成红色（也有不染色的），待色素完全干燥后，在160℃的石蜡中挂蜡。为食用方便、防止形成干酪皮，现多采用塑料真空及热缩密封。

③ 后期成熟和贮藏：为了使干酪完全成熟，以形成良好的口感、风味，还要将挂蜡后的干酪放在成熟库中继续成熟2～6个月。成品干酪放在5℃及相对湿度80%～90%条件下贮藏。

图2-43　干酪机械化贮存室

五、干酪常见质量问题及控制措施

干酪的质量缺陷是由原料乳的质量、异常微生物繁殖及制造过程中操作不当引起的。其缺陷可分成物理性、化学性及微生物性缺陷。

1. 物理性缺陷及其防止方法

(1) 质地干燥　凝乳块在较高温度下"热烫"引起干酪中水分排出过多导致制品干燥。凝乳切割过小、加温搅拌时温度过高、酸度过高、处理时间较长及原料含脂率低等都能引起制品干燥。除改进加工工艺外，也可采用石蜡或塑料包装及在温度较高条件下成熟等方法防止干燥。

(2) 组织疏松　凝乳中存在裂隙。当酸度不足时，乳清残留。压榨时间短或成熟前期温度过高均能引起此种缺陷。可采用加压或低温成熟方法加以防止。

(3) 脂肪渗出（多脂性）　由于脂肪过量存在于凝乳块表面或其中而产生。其原因大多是由于操作温度过高、凝块处理不当或堆积过高所致，可通过调节生产工艺来防止。

(4) 斑点　由操作不当引起的缺陷。尤其是在切割和热烫工艺中，由于操作过于剧烈或过于缓慢引起。

(5) 发汗　成熟干酪渗出液体，主要由于干酪内部游离液体量多且压力不平衡所致，多见于酸度过高的干酪。所以，除改进工艺外，控制酸度十分必要。

2. 化学性缺陷及其防止方法

(1) 金属性变黑　由铁、铅等金属与干酪成分生成黑色硫化物。根据干酪质地的不同而呈绿、灰和褐色等色调。操作时除考虑设备、模具本身外，还要注意外部污染。

(2) 桃红或赤变　当使用色素（如安那妥）时，色素与干酪中的硝酸盐结合而成更浓的有色化合物。应认真选用色素及其添加量。

3. 微生物缺陷及其防止方法

(1) 酸度过高　由发酵剂中微生物繁殖过快引起。防止方法：降低发酵温度并加入适量食盐抑制发酵；增加凝乳酶的量，在干酪加工中将凝乳切成更小的颗粒，或高温处理，或迅速排除乳清。

（2）干酪液化　由于干酪中存在有液化蛋白质的微生物，从而使干酪液化。此种现象多发生于干酪表面。引起液化的微生物易在中性或微酸性条件下繁殖。

（3）发酵产气　在干酪成熟过程中产生少量的气体，形成均匀分布的小气孔是正常的，而由微生物发酵产气产生大量的气孔就是缺陷。在成熟前期产气是由于大肠杆菌污染，后期产气则是由梭状芽孢杆菌、丙酸菌及酵母菌繁殖产生的。防止方法是将原料乳离心除菌或使用产生乳酸链球菌肽的乳酸菌作为发酵剂，也可添加硝酸盐，调整干酪水分和盐分。

（4）生成苦味　苦味是由于酵母及非发酵剂中的乳酸菌引起，而且与液化菌有关。此外，高温杀菌、凝乳酶添加量大、成熟温度过高均可导致苦味。

（5）恶臭　干酪中如存在厌氧芽孢杆菌，会分解蛋白质生成硫化氢、硫醇、亚胺等物质产生恶臭。生产过程中要防止这类菌的污染。

（6）酸败　由微生物分解乳糖或脂肪等产酸引起。污染菌主要来自原料乳、牛粪及土壤等。

4. 干酪的质量控制措施

控制干酪的质量应注意以下 5 个因素。

（1）环境卫生　确保清洁的生产环境，防止外界因素造成污染。

（2）原料要求　严格检查验收原料乳，以保证原料乳的各种成分组成、微生物指标符合生产要求。

（3）工艺管理　严格按生产工艺要求操作，加强对各工艺指标的控和管理。保证产品的成分、外观和组织状态，防止产生不良的组织和风味。

（4）生产设备　干酪生产所用的设备、器具等应及时清洗和消毒，防止微生物和噬菌体等的污染。

（5）包装、贮藏　干酪的包装和贮藏应安全、卫生、方便。贮藏条件应符合规定指标。

任务实施

1. 分小组绘制天然干酪的生产工艺流程图，在流程图上标注生产设备、工艺参数和工艺关键点等内容。

2. 按小组研读 GB 5420《食品安全国家标准　干酪》，回答以下问题：

① 找到干酪的定义依据。

② 干酪的感官要求是什么？如何检验？

③ 干酪的微生物限量有哪些？该如何检测？

二维码 46

3. 以小组为单位，对切达干酪样品进行感官评定。感官评定细则见表 2-13。

表 2-13　切达干酪感官质量评鉴细则（RHB 501）

项目	特　征	得分
包装（5分）	包装良好	5
	包装合格	4
	包装较差	2～3

(续表)

项目	特　征	得分
外形(5分)	外形良好,具有该种产品正常的形状	5
	干酪表皮均匀、细致,无损伤,无粗厚表皮层,有石蜡混合物涂层或塑料膜真空包装	5
	无损伤但外形稍差者	4
	表层涂蜡有散落	3～4
色泽(5分)	色泽呈白色或乳黄色,均匀、有光泽,如添加色素则为该色素应有的颜色	5
	色泽略有变化	3～4
	色泽有明显变化,不均匀	0～2
纹理图案(10分)	具有切达干酪特征的"鸡胸纹"图案	10
	纹理图案不清晰	8～9
	有裂痕	5～7
	有网状结构	5～6
	有孔眼,不密实	4～7
	断面粗糙	3～5
滋味和气味(50分)	具有切达干酪特有的滋味和气味,具有奶油味、风味良好	50
	具有切达干酪特有的滋味和气味,具有奶油味、风味较好	48～49
	滋、气味良好但香味较淡	45～47
	滋、气味合格,但香味淡	42～44
	滋、气味平淡无奶香味	43～48
	有饲料味	38～41
	有异常酸味	40～44
	有霉味	38～41
	有苦味	35～41
	氧化味	32～41
	有明显的异常味	35～41
组织状态(25分)	质地紧密、光滑、硬度适度	25
	质地均匀、光滑、硬度适度	24
	质地基本均匀、稍软或稍硬,组织较细腻	23
	组织状态粗糙,较硬	16～22
	组织状态疏松,易碎	17～20
	组织状态呈碎粒状	15～19

(续表)

项目	特　征	得分
	组织状态呈皮带状	15～20
	表层有损伤	3～4
	轻度变形	3～4
	表面有霉菌者	0～3

4. 分小组在乳制品加工技术 VR 系统中完成天然干酪的加工操作，借助 VR 沉浸式操作，能对天然干酪的加工有更全面的认识。

5. 在教师的带领下，完成乳酸菌发酵剂的制备。

（1）乳酸菌纯培养物的复活　将保存的菌株或粉末状纯培养物用牛乳活化培养。在灭菌的试管中，加入优质脱脂乳，添加适量的石蕊溶液，经 120 ℃、15～20 min 灭菌并冷却至适宜温度；将菌种接种在该培养基中，于 21～26 ℃培养 16～19 h。当凝固物达到所需的酸度后，菌种在 0～5 ℃的条件下保存。每周接种一次，以保持活力，也可以冰冻保存。

（2）母发酵剂的制备　在灭菌的三角瓶中加入 1/2 量的脱脂乳（或还原脱脂乳），经 115 ℃、15 min 高压灭菌后，冷却至接种温度，按 0.5%～1.0% 的量接种，于 41～43 ℃培养 10～12 h（培养温度根据菌种而异）。当培养酸度达到 0.75%～0.85% 时冷却，在 0～5 ℃的条件下保存备用。

（3）生产发酵剂的制备　脱脂乳经 95 ℃、30 min 杀菌并冷却到适宜的温度后，再加入 1.0%～2.0% 的母发酵剂，培养 2～3 h，酸度达到 0.75%～0.85% 时冷却，在 0～5 ℃保存备用。

任务评价

项目	知识	技能	态度
评价内容	本任务你主要学习了哪些知识？你最感兴趣的是哪一个知识点？	在该任务的学习中，你获得了哪些技能？你还有哪些困惑？	本任务所学对你有所助益或启发吗？你觉得如何才能将理论运用于实践？
评分： ☆零散掌握 ☆☆部分掌握 ☆☆☆扎实掌握	□☆ □☆☆ □☆☆☆	□☆ □☆☆ □☆☆☆	□☆ □☆☆ □☆☆☆

1. 以小组为单位，对蓝纹干酪样品进行感官评定。感官评定细则见表 2-14。

表 2-14 蓝纹干酪感官质量评鉴细则（RHB 503）

项目	特征	得分
滋味和气味 （55 分）	具有该种干酪特有的滋味和气味，强烈的刺激味，稍有盐味	55
	具有该种干酪特有的滋味和气味，香味良好	52～54
	滋、气味良好但香味较淡	49～51
	滋、气味合格，但香味淡	45～48
	具有酸味	42～47
	具有氧化味	39～44
	具有苦味	39～43
	有明显的其他异常味	35～43
组织状态 （25 分）	质地柔软、呈奶油状质构，凝块紧密	25
	质地柔软、呈奶油状质构，凝块略脆	24
	质地稍软或稍硬	23
	质地粗糙，蜡状	16～22
	凝块太紧密，有异常霉菌生长	17～20
	质地太软或有明显破裂，或过硬	15～19
纹理图案 （10 分）	具有该种干酪正常的纹理图案，纹路清晰	10
	纹理图案略有变化	8～9
	有明显裂痕或纹理有糊化现象	5～7
	断面异常	5～6
色泽（10 分）	断面具有典型的蓝纹干酪色泽	10
	色泽微有变化，略有红色或褐色物质	8～9
	色泽有明显变化	0～7

二维码 47

> [!知识链接]

全球八大著名奶酪的产地、历史与工艺

奶酪与面包、红酒并列为餐桌上的"三位一体"，因此奶酪在法国、意大利、英国等欧洲国家都非常盛行。在奶酪的生产国家里，每个国家都有很多著名的奶酪品种，如图 2-43 所示。

1. 卡蒙贝尔奶酪（Camembert AOC）

产地：法国

历史：奶酪是法兰西民族的光荣，英国首相丘吉尔曾经说，这个缔造了 400 多种奶酪的伟大民族不可能被摧毁。可见，奶酪在法国的国民生活中占据了重要的地位。它们品种繁多、款式各异、大小不一。

虽然荷兰、意大利、瑞士等国都生产优质的奶酪，但是法国是名副其实的奶酪大国。法国每

图 2-43 全球八大著名奶酪

个地方都有自己独特的奶酪品种,全法国有 500 多个品种。法国也是人均奶酪消费量最大的国家之一,堪称世界第一的奶酪王国。

特点:卡蒙贝尔奶酪属于白霉奶酪的一种。在生产过程中额外地加入了一种特殊的霉菌:卡蒙贝尔白霉菌。最后的成熟期里,正是这些霉菌首先在奶酪表面生长起来,一方面避免了其他有害杂菌污染奶酪,更重要的则是通过代谢奶酪中的营养物质来改变奶酪的酸碱环境,让加入的其他发酵菌得以继续在内部生长,赋予了卡蒙贝尔奶酪特有的风味。

2. 洛克福奶酪(Roquefort AOC)

产地:法国

历史:洛克福奶酪是蓝纹奶酪的一种,诞生于法国南部的洛克福村,受到法国历代王室的青睐,是法国 AOC 认证的第一个奶酪品牌,也是世界三大蓝纹奶酪品牌之一。

特点:由于用绵羊奶制作,其质地既不像埃门塔尔等硬质奶酪那样结实富有弹性,又不像卡蒙贝尔那样柔软细腻,而是比较松软易碎,放入口中马上就尝到一种混合着一丝甜味的咸,口感比较厚重。也多亏了这咸味,才得以掩盖羊奶酪通常具有的那种膻味。蓝莓的味道与醇厚的奶香完美地融合在一起,悠长的美味在唇齿间停留,让人难以忘怀。

3. 马苏里拉奶酪(Mozzarella)

产地:意大利

历史:意大利被认为是欧洲奶酪的发源地,对各国的代表性奶酪都具有深远的影响。比如,世界三大蓝纹奶酪之一的戈根索拉奶酪的加工方法经由罗马人传到法国之后,就产生了洛克福奶酪。没有哪一个国家像意大利这样,能够将奶酪作为原料运用到如此多的美味食品中。从传统的西式甜点提拉米苏到风靡全球的意式披萨,再到意大利面,将奶酪运用起来得心应手,奶酪跟这些食品相得益彰,熠熠生辉。

特点:马苏里拉奶酪是意大利南部坎帕尼亚和那布勒斯地方产的一种淡味奶酪,由水牛乳制成,色泽淡黄,含乳脂 50%。此奶酪是制作披萨的重要原料之一。马苏里拉奶酪,有一层很薄的光亮外壳,未成熟时质地很柔顺,很有弹性。马苏里拉奶酪在意大利语中的意思是"穿针引线"。这是由于奶酪在制作过程中经过了热烫和机械拉伸处理,因而烹饪后很容易拉成很长的丝。它纯白的外观、鲜嫩的口感和清爽的酸味与任何食物都能搭配。

4. 帕尔玛奶酪(Parmesan)

产地:意大利

历史：经多年陈熟干燥而成，色淡黄，具有强烈的水果味道，一般超市中有盒装或铁罐装的粉末状帕尔玛奶酪出售。帕尔玛奶酪用途非常广泛，不仅可以擦成碎屑，作为意式面食、汤及其他菜肴的调味品，还能制成精美的甜食。

特点：意大利人常把大块的帕尔玛奶酪同无花果和梨一起食用，或把它掰成小块，配以开胃酒，当作餐前小点。因帕尔马奶酪的成熟期较长，所以比其他奶酪更容易被人体消化吸收，现已成为世界上最佳的奶酪品种之一。

5. 卡尔菲利奶酪（Caerphilly）

产地：英国

历史：英国是天然的奶酪生产基地，得益于其温暖湿润的海洋性气候，冬暖夏凉、山峰耸立、土壤肥沃，是天然的奶酪生产圣地。据统计，英国有一半以上的土地用来生产和经营奶酪。英国的奶酪生产具有1000多年的历史。

特点：这是一种威尔士全脂白奶酪，口感温和，有点咸。最开始被威尔士的矿工们当作盐来食用，当他们在炎热的矿井中汗流浃背地工作时，身上总会带些卡尔菲利奶酪。它不仅可以和葡萄、苹果一起食用，还能作为调料或搭配香肠食用。

6. 斯蒂尔顿奶酪（Stilton）

产地：英国

历史：这款蓝霉奶酪曾经被包括英国女王伊丽莎白二世在内的很多王公贵族所喜爱。最初斯蒂尔顿奶酪的发源地在英国爱尔兰东部的郡，但却在斯蒂尔顿大卖，也因此得名。现在斯蒂尔顿奶酪受到英国法律的保护，只允许在莱斯特郡、诺丁汉郡和德贝郡这3个地方生产。

特点：斯蒂尔顿奶酪是世界三大蓝纹奶酪之一，这款奶酪以浓郁的奶香和个性十足的蓝莓风味为主要特征，不像其他奶酪般柔和香醇，但是别有风味。

7. 切达奶酪（Cheddar）

产地：英国

历史：切达奶酪是世界上最受欢迎的奶酪之一，产于英国索莫塞特郡车达，历史悠久。能够听见英语的地方就能找到切达奶酪，这种说法一点也不过分，能够成为世界销量排名第一的奶酪可见其魅力绝非一般。

特点：切达奶酪是一种原制奶酪，或称为天然奶酪。它是由原奶经过灭菌、发酵、凝结、成熟等一系列复杂的加工工艺做成的。一般说来，切达水分含量为36%，脂肪含量33%，蛋白质含量31%，每100 g切达奶酪含721.4 mg钙。由此可见，切达奶酪的营养成分是非常高的。色泽白或金黄，组织细腻，口味柔和，重30～35 kg。质地较软，颜色从白色到浅黄不等，味道也因为储藏时间长短而不同，有的微甜（9个月）、有的味道比较重（24个月）。切达奶酪很容易融化，所以也可以作为调料使用。

8. 埃门塔尔奶酪（Emmental）

产地：瑞士

历史：瑞士的国土面积有70%是海拔1000 m以上的高山，比如南面的阿尔卑斯山脉、西北面的汝拉山脉等。在这样一个群山环绕、风景如画的国家里，奶酪的制作也是采用传统的方法，所以瑞士的奶酪还能保持极其传统的风味。纯天然、无污染的阿尔卑斯山峦，培育出优质的瑞士奶牛，也出产450多种风味独特的奶酪。人均奶酪消费量每年多达20 kg，奶酪在瑞士人眼中的地位相当重要。直到今天,瑞士人还习惯在孩子过生日时送奶酪当作礼物。聪明的瑞士人还独创了闻名世界的奶酪火锅,想想都让人垂涎欲滴。

特点:埃门塔尔奶酪的成熟期很长,通常需要2~3个月,个别的为了达到一种特定的风味,甚至需要成熟1年。由于埃门塔尔奶酪在生产的过程中加入了丙酸菌,在漫长的成熟期内,丙酸菌就可以发酵奶酪中的乳酸,产生二氧化碳,从而在奶酪内部形成大大小小的孔洞。期间,技术人员还会不定期地用特定的工具在奶酪上取样,来观察内部气孔的分布情况。因为这是重要的质量指标。当成熟好的奶酪被切成小块出售之后,我们就看到那种三角形的带孔奶酪了。

埃门塔尔奶酪味道比较清淡,奶香中混着一股淡淡的杏仁味,一般人都可以接受它的味道。而且不光是个头大,就营养价值来说,埃门塔尔奶酪也算得上是奶酪中的王者。由于它几乎相当于把牛奶浓缩了12倍,非常适合用来补钙。一般须喝300 mL牛奶才能摄入300 mg的钙质,这时只须吃一小块(30 g)埃门塔尔奶酪就可以达到同样的效果了。

提示 吃奶酪会长胖吗?

很多人认为奶酪是高热量的食物,只要吃了就会长胖!其实不然,只要健康正确食用就不会长胖!合理食用,不仅不会长胖,对我们的身体也是有很多的益处。营养专家建议,每天吃1~2片奶酪最为适宜。如果长期大量食用,人体消耗不了那么多的热量,就容易囤积脂肪,有长胖的风险。

知识与技能训练

1. **知识训练**
① 干酪生产中压榨的目的是什么?
② 干酪生产中添加食盐的目的是什么?
③ 阐述干酪在成熟过程中成分发生的变化。
2. **技能训练** 凝乳酶的活力测定

(1) 原理 凝乳酶活力单位(RU)是指凝乳酶在35℃条件下,使牛乳凝固40 min,单位质量(通常为1g)凝乳酶能使若干牛乳凝固,即1g(或1mL)凝乳酶在一定温度(35℃)、一定时间(40 min)内所能凝固牛乳的体积(mL)。据此测定凝乳酶的活力。

(2) 材料 待测凝乳酶、脱脂乳或脱脂乳粉、1%~2%的食盐溶液、恒温水浴锅、玻璃棒、计时器。

(3) 操作步骤

① 凝乳酶溶液配制:先用1%~2%的食盐溶液将凝乳酶配成1%的凝乳酶食盐溶液。

② 凝乳酶活力的测定:将100 mL脱脂乳(若想得到较好的再现性,应取脱脂乳粉9 g配成100 mL的溶液),调整酸度为0.18%,用恒温水浴加热至35℃,添加1%的凝乳酶食盐溶液10 mL,迅速搅拌均匀,并加入少许碳粒或纸屑为标记,保持恒温35℃。准确记录开始加入酶液直到凝乳时所需的时间(s),此时间也称凝乳酶的绝对强度。

任务 2　再制干酪的加工

任务描述

很多人在购买和食用奶酪时，会纠结于购买天然奶酪还是再制奶酪。其实，这两种奶酪各有其优势。天然干酪保质期较短，味道更浓郁；而再制干酪保质期较长，通常口味更多，产品形态也更丰富，吃起来也更加方便。我们一起来看一看再制干酪是如何加工的吧！

知识准备

一、再制干酪及其特点

二维码48

再制干酪是干酪再加工的一种干酪制品。由于富含营养物质、风味独特及其良好的加工特性，受到了广大消费者和食品制造者的欢迎和重视。

再制干酪是以干酪（比例大于15％）为主要原料，加入乳化盐，添加或不添加其他原料，经加热、搅拌、乳化等工艺制成的产品。再制干酪，也称为融化干酪或加工干酪，在20世纪初由瑞士首先生产。目前，这种干酪的消费量占全世界干酪产量的60％～70％。再制干酪营养丰富，脂肪含量通常占总固体的30％～40％，蛋白质含量为20％～25％，水分含量在40％左右。

再制干酪与天然干酪相比，具有以下特点：

① 可以将各种不同组织和不同成熟程度的干酪，制成质量一致的产品。
② 由于在加工过程中加热杀菌，食用安全、卫生，并且具有良好的保存特性。
③ 产品采用良好的材料密封包装，贮藏中重量损失少。
④ 集各种干酪为一体，组织和风味独特。
⑤ 大小、重量、包装能随意选择，并且可以添加各种风味物质和营养强化成分，较好地满足消费者的需求和嗜好。

二、再制干酪加工技术

（一）再制干酪加工工艺流程

再制干酪生产基本工艺流程如图2-44所示。

1. 原料干酪的选择

一般选择细菌成熟的硬质干酪，如荷兰干酪、切达干酪和荷兰圆形干酪等。为满足制品的风味及组织，成熟7～8个月风味浓的干酪应占20％～30％。为了保持组织滑润，则成熟2～3个月干酪占20％～30％，搭配中间成熟度干酪50％，使平均成熟度在4～5个月，含水分35％～38％，可溶性氮0.6％左右。过熟的干酪，有氨基酸或乳酸钙结晶析出，不宜作原料。有霉菌污染、气体膨胀、异味等缺陷者也不能使用。

图2-44 再制干酪生产工艺流程

2. 原料干酪的预处理

原料干酪的预处理室要与正式生产车间分开。预处理是为了去掉干酪的包装材料,削去表皮,清拭表面等。用切碎机将原料干酪切成块状,用混合机混合;然后用粉碎机粉碎成4～5 cm长的面条状;最后用磨碎机处理。近来,此项操作多在熔融釜中进行。

3. 加热融化和杀菌

图2-45 再制干酪蒸煮锅

在再制干酪蒸煮锅(也称熔融釜)(如图2-45所示)中加入适量的水,通常为原料干酪质量的5%～10%,成品的含水量为40%～55%,按配料要求加入适量的调味料、色素等添加物,然后加入预处理粉碎后的原料干酪。向熔融釜的夹层中通入蒸汽加热,当温度达到50℃左右,加入1%～3%的乳化剂,如磷酸钠、柠檬酸钠、偏磷酸钠和酒石酸钠等。这些乳化剂可以单用,也可以混用。最后将温度升至60～70℃,保温20～30 min,使原料干酪完全融化。如果需要可调整酸度,使成品的pH值为5.6～5.8,不得低于5.3。可以用乳酸、柠檬酸、醋酸等,也可以混合使用。在乳化操作中,应加快釜内搅拌器的搅拌速度,使乳化更完全。乳化终了时,应检测水分、pH值、风味等,然后抽真空进行脱气。

4. 灌装

经过乳化的干酪应趁热充填包装。包装材料多使用玻璃纸或涂塑性蜡玻璃纸、铝箔、偏氯乙烯薄膜等。包装量、形状和包装材料的选择,应考虑到食用、携带、运输方便。包装材料既要满足制品本身的保存需要,还要保证卫生安全。

5. 冷却和贮藏

包装后的成品再制干酪,应静置在10℃以下的冷藏库中定型和贮藏。

(二)再制干酪常见质量问题及控制措施

1. 再制干酪内有各种结晶颗粒

(1)原因分析 使用了过多的乳化盐,或乳化盐、食盐未充分溶解分散;不溶性酪氨酸形成的结晶;使用了乳清浓缩产品,而且干酪水分含量又很低时,乳糖析出,就导致了晶体的形成。

(2)控制措施 乳化盐应分散加入,适当延长融化时间,或将乳化盐配成溶液加入;乳化盐添加量适宜,不要过量;减少乳清添加物的加入量,增加添水量;防止原料干酪中含酪氨酸结晶体。

2. 再制干酪含有不溶颗粒

（1）原因分析　混合料中含有较硬的干酪皮，或者是兰特干酪以及很硬的硬质干酪；原料干酪、乳化盐或其他添加剂携带的杂质；霉菌型干酪如卡蒙贝尔干酪或其他绿纹、青纹干酪上的霉菌所形成的霉菌丝体。

（2）控制措施

① 应检查粉碎、破碎机是否有磨损的零件；对难溶的物料，如干酪皮，应先用蒸汽或热水处理后再加入；乳化盐应先配成溶液并冷却，最好保持几小时进行软化；或者对乳化盐进行高速粉碎处理后再使用。

② 所有原料一定要仔细检查是否有异物，必要时可通过滤筛处理。

③ 霉菌成熟的干酪融化后，应细筛处理（除掉其中异物或硬菌体），然后加入其余干酪混料，再融化，直至完成。

3. 块状再制干酪呈杂色斑纹

（1）原因分析　不同颜色的干酪残留，下一批块状再制干酪加入时，就出现了颜色斑纹；组织结构较浓厚的再制干酪，未充分混合、未连续搅拌；物理化学作用导致了杂色和无色，这仅发生在只用柠檬酸溶液作为乳化盐的情况，可能是由于柠檬酸钙的微小结晶引起了干酪质地的断裂。

（2）控制措施　用一次灌装单元完成灌装；加入下批干酪前，完全排空排净漏斗；如多个融化锅用同一台罐装机，要确保每锅都有相同的加工工艺参数；搅拌器高速运转一小段时间，彻底混匀；在融化时，防止未乳化的颗粒或硬片掉入锅内热的干酪中；用柠檬酸溶液做乳化盐时，要多加 C 型乳化盐以利消除杂色现象。

4. 再制干酪有霉菌生长

（1）原因分析　外包装没有充分密封，不卫生，有污染，使得霉菌孢子污染了干酪；再制干酪有浆液析出；包装干酪用的膜贮存在潮湿的、不通风的环境中。

（2）控制措施　热封封膜要严格密封；块状等干酪用塑料膜包装，其蜡纸边缘必须密封，并贮存在绝对无霉菌的贮存间内；消除浆液析出物；包装干酪用的膜贮存在卫生干燥的且通风的环境中。

5. 再制干酪有怪味，味道不正常

（1）原因分析

① 干酪成熟过度，或有腐败味的原料干酪，或使用了不洁净的奶油而造成再制干酪呈苦味、腐败味、哈喇味或肥皂味。

② 发酸的原料干酪，发酸凝乳块和低的 pH 值，使得再制干酪呈略苦或很苦的味道，也可能是由于后来自身产生的酸（乳酸、丁酸）造成，或用亚硫酸做防腐剂时，由于硫酸的存在，有较浓的酸味。

③ 使用的乳化盐不纯，原料干酪有盐味，添加的几种防腐剂以及蒸汽的气味不好等，都可能导致化学味道。

④ 用了霉菌污染的干酪作为原料，再制干酪会产生陈腐味和霉味。

⑤ 再制干酪内有微量重金属，如铜、铁、锰和其他金属，使得脂肪被氧化，导致干酪呈金属性原因的油脂氧化状。其他氧化物，如溴化物、过氧化氢也可以产生这个状态。

⑥ 蒸煮味,是由于再制干酪受热过度,尤其是当含有乳糖和用夹层加热时而造成。

(2) 控制措施　选用成熟的、味道较好的干酪原料,或加入风味添加剂和佐料;多加些 pH 值较高的成熟干酪,或用酸味较少的某种乳化盐;不用有质量缺陷的干酪做原料;检查水和蒸汽的纯度,不用氧化物,并防止使用含有铁锈或铜制的、铜锌合金制的任何容器;含有乳糖的再制干酪,融化加热温度不能大于 90℃,必须单一使用夹层加热时,其温度不得超过 70℃。如果桶装再制干酪想杀菌时,应把 pH 值提高 0.2~0.3,并密切控制杀菌时间和温度。

任务实施

1. 分小组绘制再制干酪的生产工艺流程图,在流程图上标注生产设备、工艺参数和工艺关键点等内容。

2. 按小组研读 GB 25192 食品安全国家标准　干酪,回答以下问题:
① 找到再制干酪的定义依据。
② 再制干酪的感官要求是什么?如何检验?
③ 再制干酪的理化指标和微生物限量有哪些?该如何检测?

二维码49

3. 以小组为单位,对再制干酪样品进行感官评定。感官评定细则见表 2-15。

表 2-15　再制干酪感官质量评鉴细则(RHB 505)

项目	特征	得分
滋味和气味 (50分)	具有该种干酪特有的滋味和气味,香味温和,无强烈气味	50
	具有该种干酪特有的滋味和气味,香味较温和,无强烈气味	48~49
	滋、气味良好但香味较淡	45~47
	滋、气味合格,但香味淡	42~44
	滋、气味平淡无乳香味	38~43
	有不洁气味	38~41
	有霉味	38~41
	有苦味	35~41
	后甜味	32~41
	有明显的异常味	35~41
组织状态 (25分)	质地均一、表面光滑,呈半柔软并富于弹性	25
	质地均一、表面光滑,呈半柔软,弹性较好	24
	质地基本均匀、稍软或稍硬,有弹性	23
	质地粗糙,无光泽	16~22
	组织状态呈油灰状、无弹性	17~20
	组织状态呈粉粒状	15~19
	组织状态呈橡胶状	0~14

(续表)

项目	特 征	得分
色泽(10分)	淡黄色至橘黄色,有光泽	10
	色泽略有变化	6~9
	色泽有明显变化	0~6
外形(10分)	外形良好,具有该种产品正常的形状,片与片之间撕开无黏连	10
	外形较好,片与包装间有微小粘连	8~9
	外形一般,有粘连,表面有细小裂痕或断面	0~8
包装(5分)	包装良好,密闭无漏气,边缘整齐、整洁	5
	包装合格,无裂口,外表面不整洁	4
	包装较差,密闭性差	0~3

4. 分小组在乳制品加工技术 VR 系统中完成再制干酪的加工操作,借助 VR 沉浸式操作,能对再制干酪的加工有更全面的认识。

任务评价

项目	知识	技能	态度
评价内容	本任务你主要学习了哪些知识?你最感兴趣的是哪一个知识点?	在该任务的学习中,你获得了哪些技能?你还有哪些困惑?	本任务所学对你有所助益或启发吗?你觉得如何才能将理论运用于实践?
评分: ☆零散掌握 ☆☆部分掌握 ☆☆☆扎实掌握	☐☆ ☐☆☆ ☐☆☆☆	☐☆ ☐☆☆ ☐☆☆☆	☐☆ ☐☆☆ ☐☆☆☆

能力拓展

1. 小组合作,将奶酪样品分类(天然奶酪或再制奶酪),完成表 2-16 的填写。

(1) 根据产品包装上的配料表　天然奶酪的成分表一般包括原料乳、发酵菌、凝乳酶这几类;再制奶酪包括天然奶酪、乳粉(奶粉、乳清粉)、奶油、稳定剂等。

(2) 根据产品包装上的保质期或贮存要求　天然奶酪保质期短,较再制奶酪普遍短 1/3 左右,而且贮存条件要求严格,需要冷藏或冷冻;再制奶酪保质期较长。

(3) 根据产品的口味特点　天然奶酪原奶味重,口味纯正,不同的天然奶酪口味又有所不同;再制奶酪原奶味略淡,根据不同要求口味可以多样化。

(4) 根据奶酪的外观特征　不同的天然奶酪都有其独特的外观特征。

表 2-16 奶酪样品分类表

奶酪样品名称	奶酪种类	分类理由

知识链接

奶酪食用小知识

1. 奶酪与葡萄酒搭配

奶酪与葡萄酒都是发酵食品,是法国人的最爱。在法国,人们把奶酪与葡萄酒搭配称为"结婚",一般遵循同一个产地的美味搭配原则。

(1) 鲜奶酪　普通口味的鲜奶酪配微酸白葡萄酒、软饮料等;酸甜口味的鲜奶酪配辛辣口味的白葡萄酒;辛辣口味的鲜奶酪配果味浓郁的红葡萄酒或辛辣口味的白葡萄酒。

(2) 白霉奶酪　白霉奶酪的代表卡蒙贝尔奶酪与同地区的白葡萄酒或蒸馏酒搭配最佳,如果奶酪中加了鲜奶油就要搭配低度红葡萄酒或白葡萄酒,以突出奶油香味。有刺激味道的白霉奶酪最好搭配口感醇厚的葡萄酒。

(3) 蓝纹奶酪　洛克福奶酪与辛辣的白葡萄酒最般配。蓝莓味道重,配酒精度数较高的红葡萄酒;蓝莓味道较轻,配酒精度数较低的红葡萄酒。

(4) 浸洗奶酪　独特的香味和松软的口感,最好搭配陈年的醇厚葡萄酒。曼斯特奶酪最好搭配同地区的优质白葡萄酒。

(5) 山羊和绵羊奶酪　酸味较重,适合搭配辛辣口感的白葡萄酒或低度红葡萄酒,且最好是同一地区的产品。

(6) 硬质奶酪和半硬质奶酪　硬质奶酪需要同一产区的红葡萄酒、白葡萄酒或软饮料。

2. 奶酪与面包搭配

各种类型的奶酪与面包的搭配也很重要,合理的搭配会更加突出奶酪的美味,最简单的方法就是注意两者咸味的差异。

(1) 鲜奶酪　适于搭配不加砂糖的白面包、燕麦面包等,搭配微焦的面包则更好。

(2) 白赛奶酪　切片薄面包是最佳选择,如果奶酪口味重,需搭配燕麦面包,将苹果切片夹在其中口味更好。

(3) 蓝纹奶酪　需要微酸的或添加调味料的面包,加入蜂蜜或干果口感会更好。

(4) 浸洗奶酪　也需要微酸的燕麦面包或添加调味料的面包,黑面包也是不错的选择。

(5) 山羊和绵羊奶酪　白面包、全麦面包、燕麦面包、甜面包都可以。

(6) 半硬质奶酪　燕麦面包、甜面包、添加调味料的面包等都可以。

（7）硬质奶酪　小麦粉和燕麦粉混合制成的面包、黑面包、意大利条形面包。

3. 奶酪与水果搭配

（1）鲜奶酪　与柑橘、苹果、香蕉、葡萄、猕猴桃等水果一起食用口感较好，草莓、樱桃等酸味水果也不错。

（2）白霉奶酪　白霉奶酪与新鲜水果是最佳组合，尤其是苹果和葡萄，将苹果切成薄片夹在奶酪中，会满口留香。

（3）蓝纹奶酪　葡萄的酸味与奶酪的咸味非常和谐，凤梨与戈贡左拉奶酪（Gorgonzola）搭配非常有名。

（4）浸洗奶酪　葡萄、猕猴桃等水果比较适合与浸洗奶酪搭配食用。

（5）山羊和绵羊奶酪　奶酪新鲜的时候可配果浆或猕猴桃，成熟后搭配核桃比较好。

（6）硬质奶酪和半硬质奶酪　与新鲜葡萄搭配是不错的选择。

提示　你知道干酪的不同称呼吗？

干酪又称为奶酪，它是游牧民族的食品。清末民国初期，在翻译Cheese时，称之为奶酪，而香港、澳门地区取其音译为"起司"。许多人认为，奶酪是个舶来品。其实，中国的青藏高原、内蒙古地区早已盛行此类食品。

知识与技能训练

1. 知识训练

① 请问再制干酪和天然干酪相比，具有哪些特点？

② 再制干酪的加工要点有哪些？

③ 在生产中该如何控制再制干酪的质量？

2. 技能训练

在教师的指导下，利用切达干酪、磷酸盐、卡拉胶和变性淀粉等原辅材料完成再制干酪的制作。请同学们在学习平台交流制作过程和成果。

模块三
特色乳制品的加工

情景导入

雪糕、冰淇淋和奶油蛋糕在日益更新,琳琅满目的雪糕和冰淇淋,五彩斑斓的各式奶油蛋糕,都是大家生活中不可或缺的一抹色彩。尤其在炎炎夏日,众多乳制品企业推出主打产品,如光明冰砖、可爱多、哈根达斯、梦龙、三色杯、八喜……总有一款会是你的心头好。想知道你喜爱的冰淇淋、雪糕等乳制品是如何生产加工的吗?本项目以冷冻饮品、奶油、炼乳等乳制品为例,带领大家一起丰富对乳制品的认识,共同探究冷冻饮品等特色乳制品的生产工艺。

导学

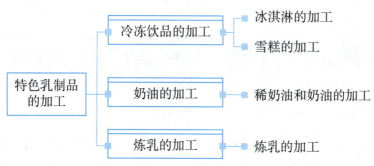

项目一
冷冻饮品的加工

知识目标

1. 认识冰淇淋和雪糕的分类、特性及其特点。
2. 熟悉典型冰淇淋和雪糕的配方。
3. 知晓冷冻饮品加工所需的原料。
4. 能概述冰淇淋和雪糕的加工工艺及操作要点。
5. 能归纳冷冻饮品加工中的常见问题及对策。

技能目标

1. 能借助标准文件对冰淇淋和雪糕样品进行感官评定。
2. 能按标准完成冰淇淋和雪糕的加工。

任务1 冰淇淋的加工

任务描述

每到夏日,冷饮需求量大增,而冰淇淋以其冰爽、香甜的口感,成了不少消费者夏季降暑必选的冷饮之一。冰淇淋是如何赢得人们的喜爱的?请跟随我们一起去揭开冰淇淋加工的神秘面纱吧!

一、冷冻饮品加工所需的原辅料

冷冻饮品是以饮用水、食糖、乳、乳制品、果蔬制品、豆类、食用油脂等几种主要原料,添加或不添加其他辅料、食品添加剂、食品营养强化剂,经配料、巴氏杀菌或灭菌、凝冻或冷冻等工艺制成的固态或半固态食品,包括冰淇淋、雪糕、雪泥、冰棍、甜味冰、食用冰等。冷冻饮品质量的优劣与原辅料有密切的关系,为此,必须对原辅料的质量要求及其作用有所了解。

1. 饮用水

水是冷冻饮品中含量最多的重要原料,冷冻饮品一般含有60%~90%的水,普通为65%~80%,主要由饮用水提供。冷冻饮品的用水应符合 GB 5749 生活饮用水卫生标准。

2. 甜味料

冷冻饮品中一般含有8%~20%的糖分,主要由白砂糖提供,也可用部分果葡糖浆、葡萄糖、果糖、麦芽糖醇、甜蜜素、阿斯巴甜、安赛蜜等。甜味料的质量要符合相应的产品质量标准的要求,其种类、适用范围、使用量要符合 GB 2760 食品添加剂使用卫生标准。

甜味料的作用,首先赋予冷冻饮品的甜味,使冰点下降,增加混合料的黏性,增加总固体物含量,使口感圆润及组织状态良好;其次是生产上降低成本的需要。

3. 乳与乳制品

冰淇淋和雪糕用的乳制品主要包括鲜牛乳、脱脂乳、稀奶油、奶油、全脂乳粉、全脂加糖乳粉、炼乳、乳清粉、乳清蛋白浓缩物等。乳与乳制品是冰淇淋和雪糕中脂肪和非脂乳固体的主要来源,是决定冰淇淋和雪糕品质的主要原料。

在冰淇淋中,乳脂肪一般用量为6%~14%,最高可达16%。其作用是增进风味,并使成品有柔润细腻的感觉。经过均质处理后,比较大的脂肪球破碎成许多细小的颗粒,可增加冰淇淋混合料的黏度,在凝冻时增加膨胀率。非脂乳固体在冰淇淋中的用量为8%~12%,在组织状态上可防止冰淇淋水分的冰晶粗大化,由于蛋白质的保水效果使其组织状态圆润,增加稠度,提高膨胀率,改进形体及保形性;乳糖有增加甜味及形成特殊风味的作用;乳中的盐类带来轻微的咸味,可使冰淇淋、雪糕的风味更加完善。

4. 食用油脂

在各种冷冻饮品中,脂肪是固形物成分中含量最多的成分之一。冷冻饮品中的脂肪,除了从乳与乳制品中获得,还可以从食用油脂中获得。食用油脂除了给予人体以糖类2倍以上的热量外,还含有几种人体营养所需的不饱和脂肪酸,在冷冻饮品中能改善其组织结构,给予可口的滋味。食用油脂的加入还可以降低产品成本,丰富冷冻饮品的产品种类,满足不同人群的消费需求。食用油脂主要有植物油脂(椰子油、棕榈油)及其氢化油和人造奶油等。

5. 蛋与蛋制品

蛋与蛋制品不仅能提高冷饮的营养价值,改善其结构、组织状态,而且还能产生好的风味。由于鸡蛋富含卵磷脂,能使冰淇淋或雪糕形成永久性的乳化能力,也可起稳定剂的作用,所以冰淇淋生产早期即已采用鸡蛋作为原料。近年来,由于新型稳定剂、乳化剂的出现,可以不使用蛋及蛋制品。但是,使用蛋制品(特别是鲜蛋)的冷饮可产生一种特殊的香味,而且膨胀率较高。若用量过多,有蛋腥味产生。若采用贮藏期过久的冰蛋或贮存温度过高、包装不妥的蛋黄粉,均能产生哈喇味。常用的蛋与蛋制品主要有鲜鸡蛋、冰蛋黄、蛋黄粉、蛋清粉和全蛋粉,一般用量为 0.5%~2.5%。

6. 果品和果浆

冷饮中的果品以草莓、树莓、柑橘、酸橙、柠檬、阳桃、樱桃、葡萄、黑加仑、菠萝、甜橙、杨梅、椰子、山楂、西瓜、哈密瓜、苹果、杧果、杏仁、核桃和花生等较为常见。果品及坚果能赋予冷饮天然果品香味,提高产品档次。

7. 增稠剂、乳化剂及复合乳化稳定剂

(1)增稠剂　增稠剂具有亲水性,与冷饮中的自由水结合成为结合水,减少混合料中自由水的数量。提高料液的黏度及冷冻饮品的膨胀率,防止大冰结晶的产生,减少粗糙的感觉;对冷饮产品融化作用的抵抗力强,使制品不易融化和重结晶;在生产中能起到改善组织状态的作用。主要增稠剂的种类、添加量及特性见表3-1。

表3-1　主要增稠剂的种类、添加量及特性

名称	类别	来源	特性	参考用量/%
明胶	蛋白质	牛猪骨、皮	热可逆性凝胶、可在低温时融化	0.5
CMC	改性维生素	植物纤维	增稠、稳定作用	0.2
海藻酸钠	有机聚合物	海带、海藻	热可逆性凝胶、增稠、稳定作用	0.25
卡拉胶	多糖	红色海藻	热可逆性凝胶、稳定作用	0.08
角豆胶	多糖	角豆树	增稠、与乳蛋白相互作用	0.25
瓜尔豆胶	多糖	瓜尔豆树	增稠作用	0.25
果胶	聚合有机酸	柑橘类果皮	胶凝、稳定、在pH值较低时保持稳定	0.15
微晶纤维	纤维素	植物纤维	增稠、稳定作用	0.5
魔芋胶	多糖	魔芋块茎	增稠、稳定作用	0.3
黄原胶	多糖	淀粉发酵	增稠、稳定作用、pH值变化适应性强	0.2
淀粉	多糖	玉米制粉	提高黏度	3

(2)乳化剂　一种在分子中具有亲水基和亲油基的物质,可介于油与水的中间,使一方很好地分散于另一方的中间而形成稳定的乳化液。主要乳化剂的种类、性能及添加量见表3-2。乳化液的作用可归纳如下:

① 乳化:使脂肪球呈微细乳浊状态,并使之稳定化。

② 分散:分散脂肪球以外的粒子并使之稳定化。

③ 气泡：在凝冻过程中能提高混合料的气泡力，并细化气泡使之稳定化。
④ 保形性的改善：增加室温下冷饮的耐热性。
⑤ 贮藏性的改善：减少贮藏中制品的变化。
⑥ 防止或控制粗大冰晶形成，使冰淇淋组织细腻。

表 3-2　主要乳化剂的种类、性能及添加量

名称	来源	性能	参考添加量/%
单甘酯	油脂	乳化性强，并抑制冰晶生成	0.2
蔗糖酯	蔗糖脂肪酸	可与单甘酯(1∶1)合用于冰淇淋	0.1~0.3
吐温(tween)	山梨糖醇脂肪酸	延缓融化时间	0.1~0.3
斯盘(span)	山梨糖醇脂肪酸	乳化作用，与单甘酯合用有复合效果	0.2~0.3
PG 酯	丙二醇、甘油	与单甘酯合用，提高膨胀率，具保形性	0.2~0.3
卵磷脂	蛋黄粉中含 10%	常与单甘酯合用	0.1~0.5
大豆磷脂	大豆	常与单甘酯合用	0.1~0.5

（3）复合乳化稳定剂

① 特点：经过高温处理，微生物指标符合国家标准；避免了单体稳定剂、乳化剂的缺陷，得到整体协同效应；充分发挥了每种亲水胶体的有效作用；可获得具有良好膨胀率、抗融性、组织结构及良好口感的冰淇淋；提高了生产的精确性，并能获得良好的经济效益。

② 复合乳化稳定剂：一般由单体乳化剂和增稠剂按一定的质量比经过混合、杀菌、均质、喷雾干燥而制成，颗粒的外层是乳化剂，内层是增稠剂。复合乳化稳定剂代替单体稳定剂和乳化剂是当前冷冻饮品生产发展的趋势。复合乳化稳定剂常见的复配类型有 CMC＋明胶＋卡拉胶＋单甘酯、CMC＋卡拉胶＋刺槐豆胶＋单甘酯、海藻酸钠＋明胶＋单甘酯等，添加量一般为 0.2%~0.5%。

8. 酸味剂

在冷冻饮品中常用的酸味剂有柠檬酸、苹果酸、酒石酸、乙酸、乳酸，以柠檬酸较为常用。酸味剂既可单一使用，也可复合使用，按需添加。

9. 香精香料

香精香料在冷冻饮品中是不可缺少的，差不多在各种冷冻饮品中都添加香精香料，以使产品带有特有的风味，增加冷冻饮品的食用价值。

按来源不同，香料可分为天然香料和合成香料两大类。天然香料包括动物性香料和植物性香料两种，经常使用的是植物性香料，例如可可、咖啡、胡桃、桂花等。常用的香精分为水溶性香精和油溶性香精两大类。油溶性香精采用精炼植物油、甘油、丙二醇为稀释剂调和香料制成；而水溶性香精采用蒸馏水、乙醇、丙二醇或甘油为稀释溶剂调和香料而制成。常用的水溶性香精有香蕉、苹果、哈密瓜、杧果、草莓、水蜜桃等风味。

香精香料的使用量在冷冻饮品中为 0.025%~0.15%，但实际用量需根据食用香精香

料的品质及工艺而定。

10. 着色剂

冷冻饮品一般需要配合其品种和香气口味着色。

（1）食用天然色素　焦糖色（麦芽糖或砂糖经加热焦化而制成），植物色素如胡萝卜素、叶绿素、姜黄素，微生物色素如核黄素、红曲色素，动物色素如虫胶色素。

（2）食用合成色素　苋菜红、胭脂红、柠檬黄、靛蓝等，为了满足冷冻饮品加工生产着色的需要，可将不同的色素按不同的比例混合拼配。

11. 其他

绿豆、红豆、咖啡、可可粉、巧克力也常用于冷冻饮品生产。另外，人们还探索在冷冻饮品中加入红茶、绿茶、乌龙茶、芝麻、芋头、黑糯米、薏米、玉米、蔬菜、蜜饯、饼干、面包屑等，制成各种不同花色的冷冻饮品。

二、冰淇淋的加工

冰淇淋是以饮用水、乳和（或）乳制品、蛋制品、水果制品、豆制品、食糖、食用植物油等一种或多种为原辅料，添加或不添加食品添加剂和（或）食品营养强化剂，经混合、灭菌、均质、冷却、老化、冻结、硬化等工艺制成的体积膨胀的冷冻饮品。

（一）冰淇淋的分类

1. 全乳脂冰淇淋

主体部分乳脂质量分数为8%以上（不含非乳脂）的冰淇淋。

（1）清型全乳脂冰淇淋　不含颗粒或块状辅料的全乳脂冰淇淋，如奶油冰淇淋、可可冰淇淋等。

（2）组合型全乳脂冰淇淋　全乳脂冰淇淋为主体，与其他种类冷冻饮品和（或）巧克力、饼坯等食品组合而成的制品。其中，全乳脂冰淇淋所占质量分数大于50%，如巧克力奶油冰淇淋、蛋卷奶油冰淇淋等。

2. 半乳脂冰淇淋

主体部分乳脂质量分数大于等于2.2%的冰淇淋。

（1）清型半乳脂冰淇淋　不含颗粒或块状辅料的半乳脂冰淇淋，如香草半乳脂冰淇淋、橘味半乳脂冰淇淋、香芋半乳脂冰淇淋等。

（2）组合型半乳脂冰淇淋　以半乳脂冰淇淋为主体，与其他种类冷冻饮品和（或）巧克力、饼坯等食品组合而成的制品。其中，半乳脂冰淇淋所占质量分数大于50%，如脆皮半乳脂冰淇淋、蛋卷半乳脂冰淇淋、三明治半乳脂冰淇淋等。

3. 植脂冰淇淋

主体部分乳脂质量分数低于2.2%的冰淇淋。

（1）清型植脂冰淇淋　不含颗粒或块状辅料的植脂冰淇淋，如豆奶冰淇淋、可可植脂冰淇淋等。

（2）组合型植脂冰淇淋　以植脂冰淇淋为主体，与其他种类冷冻饮品和（或）巧克力、饼坯等食品组合而成的食品。其中，植脂冰淇淋所占质量分数大于50%，如巧克力脆皮植脂冰淇淋、华夫夹心植脂冰淇淋等。

(二)冰淇淋的生产工艺流程

图3-1所示为每小时生产500 L冰淇淋生产线,生产工艺流程如图3-2所示。

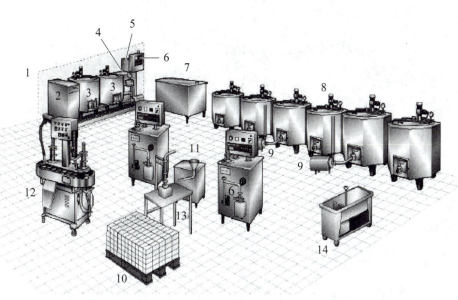

1—冰淇淋混合料预处理;2—水加热器;3—混合罐和生产罐;4—均质机;5—板式换热器;6—控制盘;
7—冷却水;8—老化罐;9—排料泵;10—连续凝冻机;11—脉动泵;
12—回转注料;13—灌注,手动;14—CIP系统

图3-1 每小时生产500 L冰淇淋生产线

1. 设计产品

随着市场竞争的加剧,冰淇淋产品的换代越来越快,新产品的生命越来越短。为了使企业保持旺盛的活力,必须不断设计新产品。设计产品的流程:详细调研市场,根据市场分析,了解不同地域的经济、文化、消费习惯心理、销售渠道、经销商利益、产品定价、宣传策略等因素;提出整体产品的方案,根据整体产品方案试制小样;评价初步设计的小样,再调整配方,进一步试制小样;经目标市场经销商和经营者品评确认开发潜力,确定产品配方。经过中试,产品在局部区域投放,根据反馈信息适当调整。如果是冰淇淋行业内资深行家,根据市场调研,可直接确定产品的目标市场、产品定位、价格定位,拿出产品的配方设计。

2. 确定配方

(1)冰淇淋的基本组成 基本组成见表3-3。

表3-3 冰淇淋的基本组成(%)

种类	乳脂肪	非脂乳固体	糖类	乳化稳定剂	总固形物
高档冰淇淋	10~14	8~10	>15	0.3~0.5	39~45
中档冰淇淋	8~10	10~11	>15	0.3~0.5	35~39
低档冰淇淋	6~8	11~12	13~15	0.3~0.5	30~35

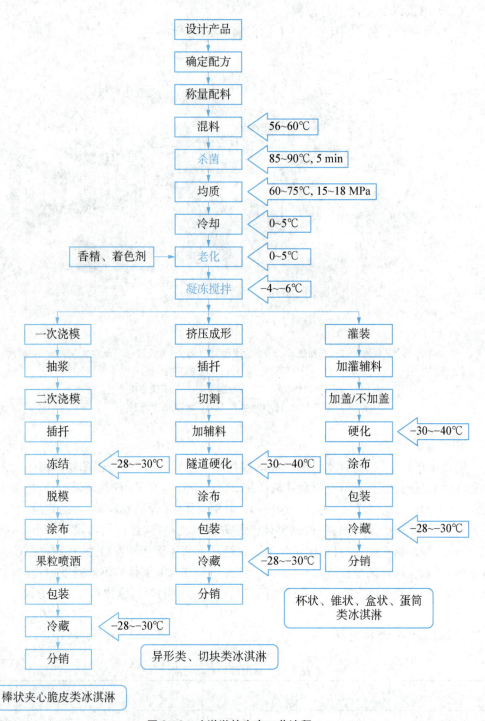

图3-2 冰淇淋的生产工艺流程

（2）冰淇淋加工所用原料的基本组成　原料基本组成见表3-4。

表 3-4 冰淇淋加工所用原料的基本组成(%)

原料名称	脂肪	非脂乳固体	全乳固体
牛乳	3.1	8.1	11.2
脱脂乳	0.1	8.5	8.6
稀奶油(1)	20.0	7.1	27.1
稀奶油(2)	30.0	5.9	35.9
奶油(无盐)	83.0	1.0	84.6
乳脂	100.0	—	100.0
无糖炼乳	8.0	18.1	26.1
浓缩脱脂乳	0.2	30.0	30.2
加糖炼乳	8.4	22.1	74.5
脱脂加糖炼乳	0.2	27.8	71.0
全脂乳粉	26.5	71.0	97.5
脱脂乳粉	1.0	94.8	95.8
全蛋	12.7	14.2	26.9
全蛋粉	51.0	44.0	96.0

(3) 配方计算　根据所设计的产品,制定冰淇淋的质量标准;根据标准要求用数学方法计算各种原料的需用量,保证产品质量符合技术指标。

3. 配料

(1) 配制冰淇淋所用的各种原辅料须经检验合格或索取制造商提供的产品检验合格报告单后方可进入配料工序。

(2) 严格按照配方和配料量准确称量。

(3) 配料顺序：

① 乳化稳定剂的溶解：方法一,乳化稳定剂首先与其质量 5~10 倍的白砂糖在干态下搅拌混合均匀,然后在 90~95℃ 的热水中边搅拌边加入溶解均匀;方法二,乳化稳定剂通过胶体磨溶解均匀;方法三,乳化稳定剂通过高剪切乳化机或水分混合机溶解均匀。

② 乳粉的溶解：乳粉用 40~50℃ 的水溶解后过一遍胶体磨或均质机。

③ 淀粉在 85~90℃ 的水中糊化后加入配料缸中。

④ 奶油(包括人造奶油、氢化植物油、棕榈油)应先检查其表面有无杂质,去除杂质后再切成小块,加入配料缸中。

⑤ 白砂糖先用适量的水加热溶解配成糖浆,并经 100 目筛过滤后加入。

⑥ 鲜蛋可与鲜乳一起混合,过滤后加入配料缸中。蛋黄粉先与加热至 50℃ 的奶油混合,搅拌均匀分散后加入配料缸中。

⑦ 色素用少量 40~50℃ 的水溶解后加入配料缸中。

⑧ 原料牛乳、香精、果葡糖浆等液体物料直接加入配料缸中。

⑨ 用饮用水定容至规定的配料量。

⑩ 配料后检查配制液的酸度,以 0.18%～0.2%为宜。若配制的混合料酸度过高,在杀菌和加工过程中易产生凝固现象。可用碳酸氢钠中和,但应注意不能中和过度,否则会产生涩味,影响产品质量。

(4) 配料结束后,经质检人员检验合格后方可进入下一步工序。

4. 杀菌

在配料缸内以直接或间接加热蒸汽,使物料温度达到 80℃、20 min,或 85～90℃、5 min;若用板式换热器,杀菌条件为 90～95℃、20 s。

5. 均质

(1) 均质的目的　将脂肪球的粒度减少到 2 μm 以下,使脂肪处在一种永久均匀的悬浮状态。另外,均质还有助于搅打、提高膨胀率、缩短老化时间,从而使冰淇淋的质地更加光滑细腻、形体松软,增加稳定性和持久性。

(2) 均质的条件　一般采用二级高压均质机。均质处理时最适宜的温度为 65～75℃。均质压力第一级为 15～20 MPa,第二级为 2～5 MPa。均质压力随混合料中的固形物和脂肪含量的增加而降低。

6. 冷却与老化(成熟)

混合料经杀菌、均质处理后,温度在 60℃以上,应迅速冷却至老化温度(2～4℃)。冷却的目的在于迅速降低料温,防止脂肪上浮。另外,如混合料温度过高会使酸味增加,影响香味。

(1) 老化的目的　将经均质、冷却后的混合料置于老化缸中,在 2～4℃的低温下使混合料进行物理成熟的过程,亦称为成熟。老化的目的:

① 加强脂肪凝结物与蛋白质和稳定剂的水合作用,进一步提高混合料的稳定性和黏度,有利于凝冻时膨胀率的提高。

② 使脂肪进一步乳化,防止脂肪上浮、酸度增加和游离水的析出。

③ 游离水的减少可防止凝冻时形成较大的冰晶。

④ 缩短凝冻时间,改善冰淇淋的组织。

(2) 老化温度与老化时间　随着料液温度的降低,老化的时间也将缩短。如在 2～4℃时,老化时间需 4 h;而在 0～1℃时,只需 2 h。若温度过高,如高于 6℃,则时间再长也不会有良好的效果。混合料的组成成分与老化时间有一定的关系,干物质越多,黏度越高,老化时间越短。一般说来,老化温度控制在 2~4℃,时间以 6～12 h 为最佳。

7. 凝冻

凝冻是冰淇淋生产最重要的步骤之一,是冰淇淋的质量、可口性、产量的决定因素。凝冻是将混合料在强制搅拌下冰冻,使空气以极微小的气泡状态均匀分布于混合料中,在体积逐渐膨胀的同时,由于冷冻而成半固体状的过程。冰淇淋剖面图如图 3-3 所示。

(1) 冰淇淋在凝冻过程中发生的变化

① 空气混入使体积膨大:冰淇淋一般含有 50%体积的空气,由于转动的搅拌器的机械作用,空气被分散成小的空气泡,其典型的直径为 50 μm。

② 水由液体变成冰晶：混合物料中大约50%的水冻结成冰晶，取决于产品的类型。

③ 搅拌使料液更加均匀。

④ 料液由液体状态变为半固体状态。

（2）凝冻的过程　凝冻过程是由凝冻机完成的。凝冻机又有间歇式凝冻机和连续式凝冻机之分。图3-4所示是连续式凝冻机的外观和凝冻腔内部构造。混合料被连续泵入带夹套的冷冻桶内。冷冻过程非常迅速，这一点对形成细小冰晶非常重要。冻结在冷冻桶表面的混合料被冷冻桶内的旋转刮刀不断连续刮下来。混合料从老化缸不断被泵送流往连续式凝冻机，在凝冻时将空气搅入。凝冻温度一般在-6～-3℃范围内。凝冻后的冰淇淋为半流体状，称为软质冰淇淋。

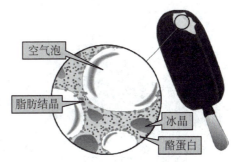

图3-3　冰淇淋剖面图

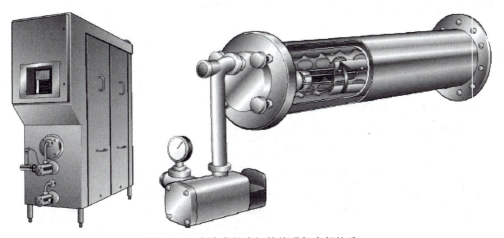

图3-4　连续式凝冻机的外观与内部构造

最适当的膨胀率为80%～100%，过低则冰淇淋风味过浓，在口中溶解不良，组织也粗硬。过高则变成海绵状组织、气泡大，保形性和保存性不良，在口中溶解很快，风味感觉弱，凉的感觉小。

8. 成型

冰淇淋成型分为浇模成型、挤压成型和灌装成型3大类。

（1）浇模成型　冰淇淋注入特制的模具成型，随同模具进入低温盐水槽（一般低于-28℃）速冻硬化。载冷剂通常为氯化钙。硬化后的冰淇淋产品从模具中脱模送入下道工序。

（2）挤压成型　一种较新的冰淇淋成型技术，必须建立在连续式凝冻的基础上。挤压成型冰淇淋生产线的特点是连续凝冻、挤压成型、速冻硬化、自动包装。

挤压成型的冰淇淋产品也可以进行巧克力浸渍和喷洒干果粒。随着挤压型冰淇淋生产技术的发展，这类设备已经具备了大量的灌装类功能，如拉花、裱花、灌装等。

（3）灌装类成型　典型的如蛋筒、塑杯等，经速冻后随容器一起销售。

9. 硬化

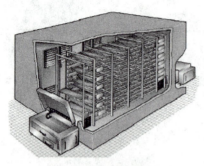

图 3-5　速冻硬化隧道

硬化是凝冻机出来的冰淇淋成型后迅速进行一定时间的低温冷冻,以固定冰淇淋的组织状态,并形成极细小冰结晶的过程,使其组织保持适当的硬度,保证冰淇淋的质量,便于销售与贮藏运输。

冰淇淋的硬化通常采用速冻硬化隧道,如图 3-5 所示,速冻硬化隧道的温度一般为 $-45\sim-35℃$。硬化的质量与冰淇淋的品质有密切的关系。在硬化过程中没有确切的温度,但是中心温度稳定在 $-15℃$ 常作为完全硬化的标准。

10. 包装及冻藏

硬化后的冰淇淋经枕式包装或装盒,然后装箱,送入 $-20℃$ 以下的低温冷库中冻藏。在冻藏的过程中注意温度的波动,特别注意停电给产品带来的影响。

11. 分销

冰淇淋的分销都应在 $-18℃$ 的冻藏条件下。

三、冰淇淋质量问题及控制措施

1. 冰淇淋的风味缺陷及其预防

(1) 香味不正　主要是由于加入香精过多或不足,或香精品质不良。因此,对香精的品质和用量要严格控制,严格按照配方添加。

(2) 香味不纯　使用不新鲜的原料或香精香料质量有问题,应检查所用原料和香精。

(3) 过甜或不足　主要原因是配料加水过少或过多,未按照规定的配方加入甜味剂,或在使用蔗糖代用品时没有按甜味要求计算用量。要抽样化验含糖量与总干物质含量,加强配方管理工作。

(4) 氧化味　主要是由于原材料如乳粉、奶油、蛋粉、甜炼乳等贮存条件不当,造成脂肪或类脂氧化,或硬化油融化时间过长或贮藏日久变质引起的。因此,在使用油脂或含油脂多的原料时必须把握原料的质量,使用之前进行感官检验,如有问题禁止使用。

(5) 酸败味　使用不新鲜的乳与乳制品,如酸度较高的乳脂、淡奶、牛乳等;在加工过程中,各道工序加工不及时,使产品发生酸败味。必须严格检验鲜乳,不合格者不得投产,严格按照工艺标准生产。

(6) 咸味　在冰淇淋中含有过高的非脂乳固体或者中和过度,凝冻操作不当溅入盐水均能产生咸味。因此,要调整配方加盐量,注意操作,检查冻结模具是否有漏损。

(7) 焦味　某些原料处理时因温度过高产生烧焦现象,须严格控制原料质量。另外,对料液加热杀菌时温度过高、时间过长或使用酸度过高的牛乳也会出现烧焦味。因此,要严格执行杀菌操作规程。

(8) 煮熟味　冰淇淋中加入经高温处理的含有高的非脂乳固体的甜炼乳等,或者混合原料在巴氏杀菌时温度超过 77℃ 及经过二次巴氏杀菌等,会形成煮熟的气味。

(9) 陈宿味　使用不新鲜的原料或贮放日久的原料则会引起产品含有陈宿味,所以在用料过程中应做到原料先来先用,不新鲜的原料不用。

(10) 发酵味　果汁存放时间过长会发酵起泡,添加到冰淇淋原料中会造成产品有发酵味。应加强原料检验,使用新鲜果汁。

(11) 金属味　由于装在马口铁听内的冰淇淋贮存过久,或因罐头已腐蚀,或因贮藏混合原料经过长时间的热处理,均会产生金属味。

2. 冰淇淋的组织缺陷及其防止

(1) 组织粗糙　在冰淇淋外观不细腻,有大颗粒,食之有粗糙感。其主要原因是:配方不合理,冰淇淋中的总干物质不足,蔗糖与非脂乳固体的比例配合不当,所用稳定剂的品质较差或用量不足,混合原料所用乳制品溶解度差,均质压力、均质温度不良,混合料的成熟时间不足,料液进入凝冻机时的温度过高,硬化时间过长,冷藏库温度不稳定以及软化冰淇淋的再次冻结等因素。应该调整配方,提高总干物质含量,同时使用质量好的稳定剂掌握好均质压力与温度,并经常抽样检查均质效果。

(2) 组织松软　冰淇淋组织硬度不够,过于松软,主要与冰淇淋中含有大量的气泡有关。其主要原因是:使用干物质不足的混合原料,或者使用未经均质的混合料,以及膨胀率控制不良。应在配料中选择合适的总固形物含量,或者控制冰淇淋的膨胀率。膨胀率过高,会使冰淇淋中含有过多气泡,造成组织松软;而膨胀率过低,含气泡量少,又会使组织过于坚硬。膨胀率一般控制在 $80\%\sim100\%$。

(3) 组织结实　冰淇淋的组织过于坚硬。这是由于冰淇淋混合料中所含总干物质过高或膨胀率较低所致。应适当降低总干物质的含量,降低料液黏性,提高膨胀率。

(4) 面团状组织　若稳定剂用量过多,硬化过程控制不好,均易产生这种缺陷。另外,混合原料均质压力过高,也可能产生面团状组织。

3. 冰淇淋的形体缺陷及其预防

(1) 形体过黏　冰淇淋的黏度过大,其主要原因有稳定剂使用量过多,料液中总干物质量过高,均质时温度过低,或是膨胀率过低。应合理控制稳定剂、干物质量,严格加工工艺。

(2) 有奶油粗粒　由混合原料中脂肪含量过高、混合原料酸度较高以及老化冷却不及时,或搅拌方法不当而引起。应适当降低含脂率,冷却老化要及时,搅拌方法要改进,老化时温度要控制适当。

(3) 融化缓慢　这是由于稳定剂用量过多、混合原料过于稳定、混合原料中含脂量过高,以及使用较低的均质压力等造成的。

(4) 融化较快　由于在原料中所含稳定剂和总干物质过低。应适当增加稳定剂和总干物质的含量,另选用品质好的稳定剂。

(5) 融化后成细小凝块　一般是由于混合料使用高压均质时,酸度较高或钙盐含量过高,而使冰淇淋中的蛋白质凝成小块。应做好混料的酸碱度调节。

(6) 融化后成泡沫状　由于稳定剂用量不足或者没有完全稳定所形成。应正确使用稳定剂或适当增加其用量。

(7) 冰的分离　冰淇淋的酸度增高,会形成冰分离的增加;稳定剂采用不当或用量不足,混合原料中总干物质不足以及混合料杀菌温度低,均能增加冰的分离。

(8) 砂砾现象　在食用冰淇淋时,口腔中感觉到不易溶解的粗糙颗粒,有别于冰结晶。

这种颗粒实质上是乳糖结晶体,因为乳糖较其他糖类难于溶解。在长期冷藏时,若混合料黏度适宜、存在晶核、乳糖浓度和结晶温度适当,乳糖便在冰淇淋中形成晶体。防止方法有快速地硬化冰淇淋,硬化室的温度要低,从制造到消费过程中要尽量避免温度的波动。

(9) 收缩　主要是由于冰淇淋内部的一部分不凝冻的物质的黏度较低,或者液体和固体分子移动的结果,引起了空气的逸出,从而使冰淇淋发生收缩。造成收缩现象因素很多,最主要的有温度的影响、膨胀率过高、乳中蛋白质影响、糖分的影响、小的空气气泡等。为了避免或防止冰淇淋的收缩,在严格控制加工工艺操作的同时,应尽量避免硬化室和冷藏室内的温度升降,以及冰淇淋的受热变软,特别当冰淇淋膨胀率较高时尤应注意。用质量好的、酸度低的牛乳或乳制品为原料,可以防止蛋白质的不稳定性;严格控制冰淇淋的凝冻搅拌的质量,使冰淇淋内被混入的空气泡,能够处于较适应的压力下存在;避免糖分的含量过高。

4. 冰淇淋膨胀率低

冰淇淋的膨胀率是指冰淇淋容积增加的百分率。一般冰淇淋的膨胀率为90%～100%。膨胀率过高,则冰淇淋组织太松软,口感较差,且易造成冰淇淋形体收缩;膨胀率过低,则冰淇淋组织坚硬,体积小,食之感不到柔润适口,并增加了生产成本。影响膨胀率的因素有7个方面。

(1) 糖分过高　糖分使混合物料的冰点降低,在凝冻过程中空气不易混入,影响了冰淇淋的膨胀率。

(2) 脂肪含量高　冰淇淋中脂肪含量一般为6%～12%,如果高于12%,黏度增大,凝冻时,空气不易进入,体积不能膨胀。

(3) 稳定剂过量　稳定剂使黏度增大,在凝冻时空气也不易混入。一般用量不超过0.5%。

(4) 混合物料加工过程　产生乳糖结晶、乳酸以及蛋白质凝固,也降低了膨胀率。组织越细腻,膨胀率越高。

(5) 均质的影响　冰淇淋混合物料经过均质后,组织比较细腻,在凝冻搅拌时容易进入空气。如果压力不足,干物质组织比较粗,将会影响膨胀率。

(6) 老化不够　冰淇淋老化是将混合原料在2～4℃的低温下贮藏一段时间进行物理成熟的过程,其实质是脂肪、蛋白质和稳定剂的水合作用。混合物料温度在2～3℃为佳。如果温度高于6℃时,即使延长时间,也不能取得满意的效果。

(7) 凝冻操作不当　凝冻操作对膨胀率的影响最大。凝冻搅拌时间不够,空气不能充分混入,搅拌速度太慢,物料不能充分拌和,空气混入不均匀,搅拌速度过快,空气不易混入等都会影响冰淇淋的膨胀率。所以,严格控制凝冻机的温度、时间以及搅拌速度,可以提高膨胀率。

5. 微生物超标

冰淇淋中所含细菌数与种类依其制品种类、原料、品质及其加工过程的不同而存在着一定的差异。造成微生物超标原因可能是设备、工具等消毒不佳,有微生物污染冰淇淋物料;有的原料污染严重,虽然严格按规定的杀菌工艺规程,仍有部分微生物未能杀死;环境卫生、个人卫生、车间卫生不好;巴氏杀菌不足,可能是杀菌温度或杀菌时间不符合工艺规定,有些耐热微生物未能致死。因此,为了防止冰淇淋在加工及储藏时的细菌污染,除选用符合卫生要求的原辅包装材料外,还必须严格执行各种卫生管理制度。

任务实施

1. 分小组绘制冰淇淋的生产工艺流程图,在流程图上标注生产设备、工艺参数和工艺关键点等内容。

2. 分小组研读 GB/T 31114《冷冻饮品　冰淇淋》,回答以下问题:
① 冰淇淋的定义和分类。
② 冰淇淋的感官要求是什么？如何检验？
③ 冰淇淋的理化指标有哪些？该如何检测？

3. 以小组为单位,请按照 GB/T 31114 对冰淇淋样品进行感官评定。

任务评价

项目	知识	技能	态度
评价内容	本任务你主要学习了哪些知识？你最感兴趣的是哪一个知识点？	在该任务的学习中,你获得了哪些技能？你还有哪些困惑？	本任务所学对你有所助益或启发吗？你觉得如何才能将理论运用于实践？
评分: ☆零散掌握 ☆☆部分掌握 ☆☆☆扎实掌握	□☆ □☆☆ □☆☆☆	□☆ □☆☆ □☆☆☆	□☆ □☆☆ □☆☆☆

能力拓展

以无盐奶油(脂肪 83%)、脱脂乳粉(非脂乳固体 95%)、蔗糖、明胶及水为原料,配合含脂肪 8%、非脂乳固体 11.0%、蔗糖 15.0%、明胶 0.5% 的冰淇淋混合料 100 kg,计算其配合比例。

知识链接

冰淇淋的起源

关于冰淇淋(ice cream,又名冰激凌等)的起源有多种说法。在中国,很久以前就开始食用冰酪(或称冻奶,frozen milk)。宋人杨万里对冰酪情有独钟,有诗云:似腻还成爽,如凝又似飘。玉来盘底碎,雪向日冰消。真正用奶油配制冰淇淋始于我国,据说是马可·波罗从中国带到西方去的。公元 1295 年,在中国元朝任官职的马可·波罗从中国把一种用水果和雪加上牛奶的冰食品配方带回意大利,于是欧洲的冷饮生产才有了新的突破。

传说公元前 4 世纪,亚历山大大帝远征埃及时,将阿尔卑斯山的冬雪保存下来,用其冷冻水果或果汁后食用,从而增强了士气。还有记载显示,巴勒斯坦人利用洞穴或峡谷中的冰雪驱除

二维码 51

炎热。

　　1846年,有个叫南希·约翰逊的人,发明了一架手摇曲柄冰淇淋机。先向冰雪里加些食盐或硝酸钾,使冰雪的温度更低,然后把奶、蛋、糖等放入小桶里不断搅拌,过一会儿就制成了冰淇淋。从此,人们在家里就可制作冰淇淋了。1851年,在美国马里兰州的巴尔的摩,牛奶商人Jacob Fussel实现了冰淇淋的工业化。他在美国巴尔的摩建立工厂,最早开始大量生产冰淇淋。1904年,在美国圣路易斯世界博览会期间,又有人把鸡蛋、奶和面粉烘制的薄饼,折成锥形,里面放入冰淇淋。借助1899年的均质机、1902年的循环式冷藏机、1913年的连续式冷藏机等的发明,冰淇淋的工业化在全世界得到迅速发展。

　　现在市场上主要冰淇淋按软硬程度分为硬式冰淇淋和软式冰淇淋两类。硬冰淇淋(ice cream)又称为美式冰淇淋。由美国人创造,主要是在工厂加工,冷冻后到店内销售,因此从外形就能看出比较坚硬,内部冰的颗粒较粗。哈根达斯、杜佰瑞、安徒生、雀巢、纽芝兰等冰淇淋多属该种类。软式冰淇淋(gelato)又称意式冰淇淋,由意大利人发明,并在16世纪由西西里岛的一位教士改良,完善了制作技术。简单来说,就是凝冻后的冰淇淋不经硬化,一般在现场制作,看来就比较软,冰的颗粒也较细。罗贝拉、翡冷翠等皆属于此类冰淇淋。

提示　如何选购冰淇淋

　　(1) 冰淇淋的原料和工艺有时差别很大,消费者在选购时首先要看包装上是否标注生产厂家。

　　(2) 冰淇淋是否完好地储放在-18℃以下的冷冻柜中。

　　(3) 外包装是否完好,有否渗透或缺损。否则会造成微生物等的二次污染。

　　(4) 产品的有效期是否在预计食用的日期之内等。

　　(5) 选购冷饮莫贪"色"！花花绿绿的冰糕色泽越鲜艳,意味着添加的色素越多,尽量不选购。

　　(6) 看一看产品的形状是否有变化。若变形,则有可能是产品在运输或贮存过程中,由于温度过高致溶化后再次冷冻,这也极可能造成微生物的繁殖而超标,且口感也会变差。

　　(7) 建议首先选择名牌大企业的产品,质量有保证。

知识与技能训练

1. 知识训练

① 冷冻饮品生产中使用哪些辅料？如何使用？

② 简述冰淇淋的配料顺序。

③ 什么是冰淇淋的老化？其作用是什么？

④ 冰淇淋的常见质量缺陷主要有哪些？如何控制？

2. 技能训练

① 绘制冰淇淋加工的工艺流程图。

② 配方计算：稀奶油(脂肪30%、非脂乳固体5.9%)、脱脂乳(非脂乳固体8.5%)、脱脂乳粉(脂肪1.0%,SNF95%)、蔗糖及明胶为原料,配制含脂肪8%、非脂乳固体11.0%、蔗糖15.0%、明胶0.5%的冰淇淋混合料100 kg,计算其配合比例。

任务2　雪糕的加工

任务描述

生活日益多姿多彩，充斥着各种品牌的雪糕，多种口味的雪糕可以由消费者自主组合。在炎炎夏日，雪糕是打开快乐的钥匙。雪糕都是如何加工制作而来的？跟着我们一起去探索吧！

知识准备

二维码52

一、雪糕的概念及分类

雪糕是以饮用水、乳和（或）乳制品、蛋制品、水果制品、豆制品、食糖、食用植物油等一种或多种为原辅料，添加或不添加食品添加剂和（或）食品营养强化剂，经混合、灭菌、均质、冷却、成型、冻结等工艺制成的冷冻饮品。

雪糕的种类主要有清型雪糕和组合型雪糕两种。清型雪糕是不含颗粒或块状辅料的雪糕；组合型雪糕是以雪糕为主体，与相关辅料（如巧克力等）组合而成的制品，其中雪糕所占质量分数大于50%。

二、雪糕的加工

雪糕的生产工艺流程如图3-6所示。

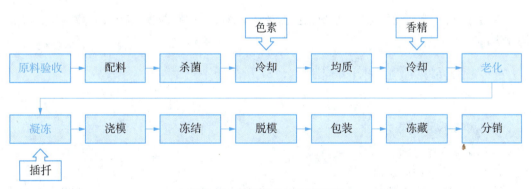

图3-6　雪糕的生产工艺流程

雪糕的配方如下。

（1）普通雪糕配方　砂糖13%～14%，淀粉1.25%～2.5%，牛乳32%左右，香料适量，糖精0.010%～0.013%，精炼油脂2.5%～4.0%，麦乳精及其他特殊原料1%～2%，着色剂适量。

（2）花色雪糕配方　配方见表3-5（以1 200 kg计）。

表 3-5　花色雪糕配方(单位：kg)

原料	口味						
	可可	橘子	香蕉	香草	菠萝	草莓	柠檬
水	845	836	816	838	871	855	818
白砂糖	105	135	106	125	175	149	105
全脂乳粉	/	22.5	/	16	52	33	/
甜炼乳	175	100	175	125	/	60	175
淀粉	15	15	15	15	15	15	15
糯米粉	15	15	15	15	15	15	15
可可粉	12	/	/	/	/	/	/
精油	37	40	40	40	40	40	40
禽蛋	/	37	37	37	37	37	37
糖精	0.17	0.15	0.15	0.15	0.15	0.15	0.15
精盐	0.15	0.15	0.15	0.15	0.15	0.15	0.15
香草香精	0.90	/	/	1.14	/	/	/
橘子香精	/	1.50	/	/	/	/	/
香蕉香精	/	/	0.60	/	/	/	/
菠萝香精	/	/	/	/	0.65	/	/
草莓香精	/	/	/	/	/	1.20	/
柠檬香精	/	/	/	/	/	/	1.14

混合料的配制、杀菌、均质、冷却、老化、凝冻、浇模、冻结、脱模、包装、冻藏等操作要点同冰淇淋加工工艺。

三、雪糕常见质量缺陷及控制

1. 风味

(1) 甜味不足　同冰淇淋。

(2) 香味不正　同冰淇淋。

(3) 酸败味　同冰淇淋。

(4) 咸苦味　在雪糕配方中加盐量过高；在雪糕或冰棒凝冻过程中，操作不当溅入盐水(氯化钙溶液)；浇注模具漏损等，都会产生咸苦味。

(5) 油哈味　由于使用已经氧化发哈的动植物油脂或乳制品等配制混合原料所造成的。

(6) 烧焦味　配料杀菌方式不当或热处理时高温长时间加热，尤其在配制豆类棒冰时豆子在预煮过程中有烧焦现象，均可产生焦味。

(7) 发酵味　在制造鲜果汁棒冰时，由于果汁贮放时间过长，本身已发酵起泡，则所制成棒冰有发酵味。

2. 组织与形体

（1）组织粗糙 在制造雪糕时，如采用的乳制品或豆制品原料溶解度差、酸度过高、均质压力不适当等，均会使雪糕组织粗糙或有油粒。在制造果汁或豆类棒冰时，所采用的淀粉品质较差或加入的填充剂质地较粗糙等，也能影响其组织。

（2）组织松软 这主要是由于总干物质较少、油脂用量过多、稳定剂用量不足、凝冻不够以及贮藏温度过高等而造成。

（3）空头 主要是由于在制造时，冷量供应不足或片面追求产量，凝练尚未完整即行出模包装所致。

（4）歪扦与断扦 由于棒冰模盖扦子夹头不正或模盖不正，扦子质量较差以及包装、装盒、贮运不妥等所造成的。

任务实施

1. 分小组完成雪糕生产工艺流程图的绘制，在流程图上标注生产设备、工艺参数和工艺关键点等内容。

2. 按小组研读 GB/T 31119《冷冻饮品 雪糕》，回答以下问题：

① 雪糕的定义和分类。

② 雪糕的感官要求是什么？如何检验？

③ 雪糕的理化指标有哪些？该如何检测？

3. 以小组为单位，按照 GB/T 31119 对雪糕样品进行感官评定。

4. 将市面上常见冰淇淋和雪糕分类，完成表 3-6 的填写。

表 3-6 冰淇淋和雪糕样品的分类

冰淇淋（品名）	种类	雪糕（品名）	种类

任务评价

项目	知识	技能	态度
评价内容	本任务你主要学习了哪些知识？你最感兴趣的是哪一个知识点？	在该任务的学习中，你获得了哪些技能？你还有哪些困惑？	本任务所学对你有所助益或启发吗？你觉得如何才能将理论运用于实践？

（续表）

项目	知识	技能	态度
评分： ☆零散掌握 ☆☆部分掌握 ☆☆☆扎实掌握	□☆ □☆☆ □☆☆☆	□☆ □☆☆ □☆☆☆	□☆ □☆☆ □☆☆☆

任务拓展

小组合作，阅读 SB/T 10016《冷冻饮品 冰棍》、SB/T 10327《冷冻饮品 甜味冰》、SB/T 10014《冷冻饮品 雪泥》，了解冰棍、甜味冰和雪泥的定义、种类和相关技术要求等，对冷冻饮品大家族能有更全面的认识。

知识链接

食品配方设计

1. 食品配方设计

所谓配方设计，就是根据产品的性能要求和工艺条件，通过试验、优化、评价，合理地选用原辅材料，并确定各种原辅材料的用量配比关系。如何开发一个新产品，如何设计一个新配方，对企业来说至关重要。要设计好的食品配方，成为真正的优秀技术人员，必须要有扎实的基本功。

2. 配方设计基本功

（1）熟悉原料的性能、用途及相关背景 每种原料都有其各自的特点，只有熟悉它，了解它，才能用好它。在不同的配方里，根据不同的性能指标的要求，选择不同的原料十分重要。

（2）熟悉食品添加剂的特点及使用方法 食品添加剂是食品生产中应用最广泛、最具有创造力的领域，它对食品工业的发展起着举足轻重的作用，被誉为食品工业的灵魂。了解食品添加剂的各种特性，包括复配性、安全性、稳定性（耐热性、耐光性、耐微生物性、抗降解性）、溶解性等，对配方设计来说，是非常重要的。

（3）熟悉设备和工艺特点 熟悉设备和工艺特点，对配方设计有百利而无一害。只有如此，才能发挥配方的最佳效果，才是一项真正的成熟技术。例如，喷雾干燥和冷冻干燥、夹层锅熬煮和微电脑控制真空熬煮、三维混合和捏合混合等，不同设备导致不同的工艺和配方。

（4）积累工艺经验 重视工艺，重视加工工艺经验的积累。就好比一道好菜，配料固然重要，可厨师的炒菜功夫同样重要。一样的配方，不一样的工艺，产品质量相差天壤之别，这需要不断总结、提炼。

（5）熟悉实验方法和测试方法 配方研究中常用的实验方法有单因素优选法、多因素变换优选法、平均试验法以及正交试验法。一个合格的配方设计人员必须熟悉实验方法及测试方法，才不至于在做完实验后，面对一堆实验数据而无所适从。

（6）熟练查阅各种文献资料 通过检索、收集资料，配制原料比例，经感官评定调整后设计出自己的产品配方。

(7) 多做试验,学会总结　仅有理论知识,没有具体的实验经验,是做不出好的产品的。多做实验,不要怕失败,做好每次实验的记录。成功的或是失败的经验,都要有详细的记录,要养成好的习惯。学会总结每次实验的数据及经验。善于总结每次的实验数据,找出规律来,可以指导实验。

(8) 整合资源　应把配方设计当成系统过程来考虑,设计不仅仅是设计本身,而是需要考虑与设计相关的任何可以促进发展的因素。因此,设计人员不应该仅仅在实验室内闭门造车,而要"推倒两面墙":对内,要推倒企业内部门之间的墙,与这个行业的人员建立联系。观念一变,世界全变。通过传播知识、交流经验等方法,才能触发创新思想,激发创新热情,才能增强吸收、转化、创新的能力。

3. 食品配方设计七步

食品的配方设计是根据产品的工艺条件和性能要求,通过试验、优化和评价,合理选用原辅材料,并确定各种原辅材料用量的配比关系。食品配方设计一般分为七个步骤。

(1) 主体骨架设计　这是指主体原料的选择和配制,形成食品最初的形态。主体原料是根据各种食品的类别和要求,赋予产品基础的主要成分,体现食品性质的功用。

(2) 调色设计　作为食品质量指标,食品的色泽越来越受到研究开发者、生产厂商和消费者的重视。调色设计在食品加工制造中有着举足轻重的地位,食品的着色、发色、护色、褪色是食品加工重点研究内容。

(3) 调香设计　食品的调香设计就是根据各种香精香料的特点,结合味觉嗅觉,取得香气和风味之间的平衡,以寻求各种香精香料之间的和谐美。

(4) 调味设计　就是在食品生产过程中,通过原料和调味品的科学配制,产生人们喜欢的滋味。调味设计过程及味道的整体效果与所选用的原料有重要的关系,还与原料的搭配和加工工艺有关。

(5) 品质改良设计　在主体骨架的基础上,为改变食品质构进行的品质改良设计,通过食品添加剂的复配作用,赋予食品一定的形态和质构,满足食品加工的品质和工艺性能要求。主要方式有增稠设计、乳化设计、水分保持设计、膨松设计、催化设计、氧化设计、抗结设计、消泡设计等。

(6) 防腐保鲜设计　在经过主体骨架设计、调色设计、调香设计、调味设计、品质改良设计之后,色、香、味、形都有了,但是产品保质期短,不能实现产品的经济效益最大化,还需要对其进行防腐保鲜设计。常见的食品防腐保鲜方法有低温保藏技术、食品干制保藏技术、添加防腐剂、罐藏保藏技术、微波技术、包装技术(真空包装、气调包装、托盘包装、活性包装、抗菌包装)、发酵技术、辐照保藏技术、超声波技术等。

(7) 功能营养设计　这是在食品基本功能基础上附加特定功能,成为功能性食品。食品按科技含量分类,第一代产品称为强化食品,第二代、第三代产品称为保健食品。食品营养强化是根据不同人群的营养需要,添加一种或多种营养素或某些天然食物成分的食品添加剂,以提高食品营养价值。

> 提示　冰淇淋和雪糕的正确食用方法

1. 细嚼慢咽更健康

囫囵吞冰,看似无限爽,实际却危害多多。不仅会伤害胃肠,还会让一部分血管瞬间急剧收缩导致血流不畅,过度受凉产生的痉挛还会让人腹痛难忍。小口吃冰,让凉意在口腔得到缓冲,可以最大程度保护消化道与内脏器官,避免过度受凉。

2. 三餐临近勿碰凉

饭前一支雪糕,会造成主食摄入减少或者根本没有食欲。受凉后的肠胃灭菌功能减弱,如果进食,更易受到食物中的细菌侵害。饭后一支雪糕,胃部收缩,减少胃酸分泌,会造成消化不良,严重的还会造成肠痉挛等肠胃伤害。

3. 融化雪糕别复冻

融化后的雪糕再次冷冻,会造成雪糕的品质严重降低,且容易滋生细菌,所以融化的雪糕不要重新放入冰箱,也不要贪便宜购买此类低价雪糕。

尽量选择贮存于密闭-18℃冷冻柜中的,包装完整的。变形的雪糕不要购买,因为极有可能是运输或售卖中融化变形后复冻的。

知识与技能训练

1. 知识训练

① 雪糕生产工艺流程是什么?工艺要点有哪些?
② 雪糕的常见质量缺陷主要有哪些?如何控制?

2. 技能训练

① 绘制雪糕的生产工艺流程图。
② 小组合作,制订红豆/绿豆雪糕的配方;借助雪糕机,在教师的指导下制作红豆/绿豆雪糕。在学习平台分享和交流制作过程。

项目二
奶油的加工

知识目标

1. 认识稀奶油、奶油的概念、分类和质量标准。
2. 熟悉乳脂分离原理。
3. 能概述稀奶油和奶油的加工工艺及操作要点。
4. 能归纳奶油常见的质量问题及控制措施。

技能目标

1. 能借助标准文件对奶油样品进行感官评定。
2. 能按标准完成稀奶油和奶油的加工。

任务　奶油的加工

任务描述

烘焙房中五彩缤纷的奶油蛋糕是很多人的心头好,用材考究、质量上乘的鲜奶蛋糕,是生日宴会上的"座上宾"。奶油在甜品中有着不可替代的独特作用。在烘焙大师的手中,奶油变换着各种模样,缔造出一款款美味可口的奶油甜品。你想知道奶油是如何被制作出来的吗?请跟着我们一起去探究原料乳变成奶油的历程吧!

知识准备

一、奶油和稀奶油

（1）稀奶油　以乳为原料分离出的含脂肪的部分，添加或不添加其他原料、食品添加剂和营养强化剂，经加工制成的脂肪含量 10.0%～80.0%的产品。

（2）奶油（黄油）　以乳和（或）稀奶油（经发酵或不发酵）为原料，添加或不添加其他原料、食品添加剂和营养强化剂，经加工制成的脂肪含量不小于 80.0%的产品。

（3）无水奶油（无水黄油）　以乳和（或）奶油或稀奶油（经发酵或不发酵）为原料，添加或不添加食品添加剂和营养强化剂，经加工制成的脂肪含量不小于 99.8%的产品。

（一）奶油的分类

1. 根据奶油制造方法分类

（1）甜性奶油　以鲜稀奶油制成，有加盐和不加盐的两种，具有明显的乳香味，含乳脂肪 80%～85%。

（2）酸性奶油　杀菌的稀奶油用纯乳酸菌发酵剂发酵后加工制成，有加盐和不加盐的两种，具有微酸和较浓的乳香味，含乳脂肪 80%～85%。

（3）重制奶油　用稀奶油和甜性、酸性奶油，经过熔融，除去蛋白质和水分而制成。具有特有的脂香味，含脂肪 98%以上。

（4）脱水奶油　杀菌的稀奶油制成奶油粒后，经融化，用分离机脱水和脱除蛋白质，再经过真空浓缩而制成，含乳脂肪高达 99.9%。

（5）连续式机制奶油　用杀菌的甜性或酸性稀奶油，在连续式操作制造机内加工制成，其水分及蛋白质含量有的比甜性奶油高，乳香味高。

2. 根据加盐与否分类

分为无盐、加盐和特殊加盐的奶油。

3. 根据脂肪含量分类

分为一般奶油和无水奶油（即黄油），以及植物油替代乳脂肪的人造奶油。

（二）奶油组成及组织状态

1. 组成

一般加盐奶油的主要成分为脂肪（80%～82%）、水分（15.6%～17.6%）、盐（约 1.2%）以及蛋白质、钙和磷（约 1.2%）。奶油还含有脂溶性的维生素 A、维生素 D 和维生素 E。

2. 组织状态

奶油呈均匀一致的颜色、稠密而味纯。水分分散成细滴，从而使奶油外观干燥。硬度均匀，这样奶油就易于涂抹，有舌感（融化的感觉）。

（三）稀奶油的分类

按含脂率不同，稀奶油可分为如下 6 类。

（1）半稀奶油　含脂率为 10%～80%，一般用于甜食和饮料。

（2）咖啡用稀奶油　含脂率达 25%，加入咖啡中能改善其外观和风味。

(3) 酸性稀奶油　用乳酸菌来发酵稀奶油,通过把乳糖转变为乳酸而产生酸味并伴随着蛋白质的凝结。产品的风味决定于所使用的发酵剂种类。酸性稀奶油的脂肪含量小于25%,但某些轻微发酵产品的脂肪含量高达40%。

(4) 重质稀奶油　含脂率高于48%,在欧洲多见,是通过搅打生产出的一种很稠的掼奶油。

(5) 凝固稀奶油　含脂率大于55%,是英国、瑞士的一种传统食品,通过加热煮制使乳脂上浮凝聚而制得。

(6) 高脂稀奶油　含脂率高达70%~80%,由一般稀奶油二次分离制得,如伊朗的稀奶油。

二、稀奶油的加工

稀奶油的生产工艺与液体乳的生产工艺基本相同。一般从牛乳中分离脂肪,当达到所需的脂肪含量时热处理。热处理可采用巴氏杀菌、高温瞬时灭菌和保持灭菌等方式。稀奶油加工工艺流程如图3-7所示。

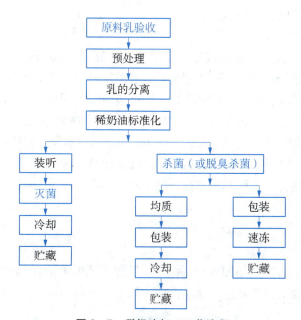

图3-7　稀奶油加工工艺流程

稀奶油生产操作要点如下。

1. 乳的分离

(1) 静置法　将牛乳放在容器中静置24~36 h,由于乳脂肪密度比较低,逐渐上浮到乳的表面,形成含脂率15%~20%的稀奶油。利用这种方法分离稀奶油所需时间长,生产能力低,脂肪损失比较多。目前仅在牧区使用。

(2) 离心分离法　分离的基本依据是脂肪球与水相之间的密度差。采用高速旋转的离心分离机,利用离心力,使密度不同的两部分分离。最终可得到35%~45%的稀奶油和含脂率很低的脱脂乳。这种方法大大缩短了乳的分离时间,提高了奶油的生产率,并使卫生条件得到了极大改善,提高了产品的质量。

2. 标准化

稀奶油生产中要将脂肪含量标准化,不同种类的稀奶油脂肪含量是不同的。若含脂率高于要求则成本增加,若含脂率低于要求则会影响其特性,如黏度和掼打性质等。生产奶油用的稀奶油,可以不对脂肪含量进行标准化。若含脂率过高,会使搅拌过程难以进行;若含脂率过低,则酪乳过多。标准化的方法同原料乳的标准化。

3. 稀奶油的杀菌和真空脱臭

稀奶油热处理的目的是杀死腐败微生物,能够导致稀奶油腐败的酶类钝化,提高奶油的保藏性,保证食用奶油的安全。稀奶油杀菌的方法一般有间歇式和连续式两种:小型工厂多采用间歇式;大型工厂则多采用板式换热器或高温瞬时杀菌器,连续杀菌。常用的热处理的温度和时间有以下几种组合:72℃、15 min;77℃、5 min;82~85℃、30 s;116℃、3~5 s。

若生产稀奶油的原料乳来源于牧场,则稀奶油中会有牧草的异味。大多数异味是易挥发性物质,可以采用真空杀菌脱臭机来杀菌脱臭。

4. 稀奶油的均质、包装与储藏

低脂稀奶油和一次分离稀奶油需要高压均质;二次分离稀奶油可以采用低压均质,以提高黏度;而发泡稀奶油不能均质,否则会使产品的搅打发泡能力降低。

杀菌、均质后的奶油应迅速冷却到2~5℃再包装。常用的包装形式有瓶装、灌装和利乐纸盒包装等。无论是哪种包装,都应注意以下问题:①避光,光照会引起脂肪自动氧化产生酸败;②密封、不透气;③不透水、不透油;④防止包装材料本身含有某些化学物质,也要防止印刷标签的油墨、染料等渗入奶油中;⑤包装容器的设计要有利于摇动,以便内容物的摇匀。

包装好的稀奶油在出售前和加工前应储藏在2~8℃的冷库中或冰箱中,成品运输时应采用冷藏运输。

三、奶油的加工

典型奶油生产工艺流程如图3-8所示(无发酵工艺的为甜性奶油,有发酵工艺的为酸性奶油),工厂化奶油的批量和连续化生产的一般生产流程如图3-9所示。

图3-8 典型奶油生产工艺流程

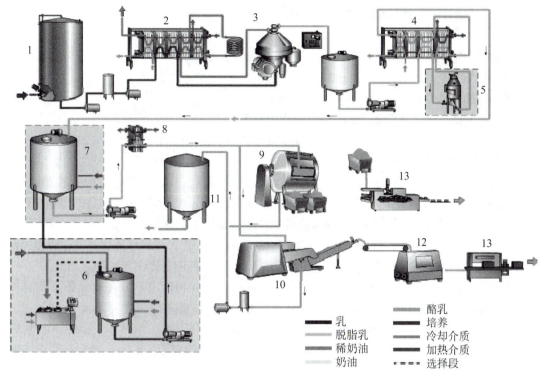

1—乳的验收；2—脱脂乳的热处理和巴氏消毒；3—脂肪分离；4—稀奶油的巴氏杀菌；5—真空分离器；
6—发酵剂制备；7—稀奶油的成熟和酸化(如果使用)；8—温度处理；9—搅拌/操作,间歇式；
10—搅拌/操作,连续式；11—酪乳回收；12—带有螺杆输送器的奶油仓；13—包装机

图3-9　工厂化奶油的批量和连续化生产的一般生产流程

1. 稀奶油的中和

稀奶油的中和直接影响奶油的保存性,左右成品的质量。

（1）目的

① 防止脂肪的损失。酸度高的稀奶油如果不进行中和与杀菌,会造成稀奶油中的酪蛋白受热凝固,一些脂肪会被包在凝块中,搅拌时损失在酪乳中,因此脂肪损失很大,影响产量。

② 稀奶油中和后,可以改善奶油的香味。一般中和到酸度为20～22°T,不应加碱过多,否则会产生不良风味。

③ 制成的奶油酸度过高时,贮藏中仍易引起水解,并促进氧化。

（2）要求　生产甜性奶油时,稀奶油水分中的pH值应保持在近中性,6.4～6.8；或稀奶油的酸度以16°T左右为宜；生产酸性奶油时pH值可略高,稀奶油酸度20～22°T。

（3）中和剂的选择及添加方法　常选用的中和剂有石灰、碳酸钠、碳酸氢钠、氢氧化钠等。石灰价格便宜,还能提高奶油的营养价值,但难溶于水,必须调成乳剂加入,还需要均匀搅拌,否则很难达到中和的目的。碳酸钠易溶于水,中和可以很快,不易使酪蛋白凝固,但会很快产生二氧化碳,若容器过小,会导致稀奶油溢出,所以先配成10%的溶液,再徐徐加入。

一般使用的中和剂为石灰和碳酸钠。添加时必须调成20%的乳剂,经计算后加入。石

灰不仅价格低廉，同时可以增加奶油中钙的含量，提高其营养价值。

2. 稀奶油的发酵

甜性奶油杀菌后直接进行冷却和物理成熟，而生产酸性奶油时，一般都是先发酵，然后才物理成熟。

（1）发酵的目的

① 乳酸菌发酵产生乳酸，可以抑制奶油中腐败菌的繁殖。

② 发酵过程中产生独特的风味物质，所以酸性奶油比甜性奶油具有更浓的芳香风味。

（2）常用的发酵剂　生产酸性奶油用的纯发酵剂是产生乳酸的菌类和产生芳香风味的混合菌种。一般选用的菌种有下列几种：乳酸链球菌、乳脂链球菌、嗜柠檬酸链球菌、副嗜柠檬酸链球菌、丁二酮乳链球菌、丁二酮乳链球菌。乳酸链球菌和乳脂链球菌产酸能力较强，但产香能力较弱，嗜柠檬酸链球菌和副嗜柠檬酸链球菌能使柠檬酸分解生成丁二酮等，具有挥发性的芳香物质。弱还原型的丁二酮乳链球菌或者再加上乳脂链球菌制成混合菌种的发酵剂，就能产生更多的挥发性酸和羟丁酮及丁二酮。发酵剂的制备方法与发酵乳相似。

（3）稀奶油的发酵　酸性奶油生产中，稀奶油的发酵和物理成熟可在成熟罐中同时进行，经杀菌、冷却的稀奶油泵入成熟罐中，温度调到 18～20℃后添加相当于稀奶油 1%～7%的工作发酵剂（一般稀奶油碘值较高，添加量较大；碘值较低，添加量较小）。添加时搅拌，缓慢添加，使其均匀混合。发酵温度保持在 18～20℃，每隔 1 h 搅拌 5 min，达到所要求的酸度后，停止发酵。

3. 稀奶油的物理成熟

（1）物理成熟的概念　稀奶油冷却至脂肪的凝固点，以使部分脂肪变为固体结晶状态，这一过程称为稀奶油物理成熟，又称为老化或熟化。

（2）物理成熟的目的　为了把稀奶油搅拌成奶油，脂肪球必须有一定的硬度及弹性。脂肪球的这种物理状态可以通过降低稀奶油的温度来达到。脂肪的导热性差，又被包围在一层脂肪球膜中，脂肪球达到外界的冷却温度甚为缓慢，甚至需几小时。经杀菌冷却后的稀奶油，需在低温下保存一段时间，目的是使乳脂肪中大部分甘油酯由乳浊液状态转变为结晶体状态。结晶形成的固体相越多，在搅拌和压炼过程中乳脂肪损失越少。

（3）物理成熟的原理　奶油中的脂肪一部分以脂肪球形式存在，称为分散相，一部分以黏合的游离的脂肪形式存在，称为连续相。乳脂肪的存在状态取决于温度。脂肪连续相的大小及其脂肪酸的组成对奶油产品的黏稠性能有决定性作用。包围在脂肪球周围的脂肪连续相可视为脂肪球的"润滑剂"，如果这种润滑剂的数量不足，则奶油会变得硬而脆。足够的润滑剂意味着奶油涂抹性及可塑性会提高，但这要求脂肪连续相"润滑剂"的熔点要低，以保证其在低温下能保持液体状态不变。

液体结晶变成固体时会放热，所以体系需要冷却，并且要有晶核存在的条件下才能结晶。为了形成少量的液体脂肪包围大部分固体脂肪的状态，成熟的温度应低于乳脂肪的凝固温度。温度越低，成熟所需的时间越短。在稀奶油中加入晶核或在低温下进行机械振动都是促使形成这种状态的重要因素。

（4）物理成熟的方法　应根据稀奶油的脂肪组成来确定。一般根据不同的碘值采用不同的温度处理。对于甜性奶油的冷却成熟温度控制，在选择温度处理方法时不用考虑其中的发酵步骤。只要选择的处理温度能够使奶油具有良好的黏稠度和硬度以及低的脂肪损失即可。

低碘值的甜性奶油须先冷却至 6~8℃,在此温度下保持约 2 h,然后再加热至 18~21℃,保持 0.5~3 h,然后再降温至搅拌温度 10~12℃。高碘值的稀奶油应快速冷却至 6~8℃,保持此温度过夜直至第二天早晨的搅拌操作前。脂肪结晶时产生的热量会增加稀奶油的温度,若稀奶油的温度上升超过 10℃,则在搅拌前须将稀奶油降温至 6~10℃。

(5) 成熟度控制　在夏季 3℃时脂肪最大可能的硬化程度为 60%~70%,而 6℃时为 45%~55%。成熟温度应与脂肪的最大可能变成固体状态的程度相适应。

4. 稀奶油的搅拌

将稀奶油置于搅拌器中,利用机械的冲击力使脂肪球膜破坏而形成脂肪团粒,这一过程称为搅拌。搅拌时分离出来的液体称为酪乳。

(1) 搅拌的目的　搅拌是稀奶油制造最重要的操作,目的是使脂肪球相互聚集而形成奶油粒,同时分离酪乳,即将稀奶油的水包油型乳状液转化为奶油的油包水型乳状液。此过程要求在较短时间内形成奶油粒,且酪乳中脂肪含量越少越好。

(2) 搅拌方法　先将冷却成熟好的稀奶油的温度调整到所要求的范围,装入搅拌机。搅拌机转 3~5 圈,停止旋转排出空气,再按规定的转速搅拌到奶油粒形成为止。遵守搅拌要求,则一般完成搅拌所需的时间为 30~60 min。间歇式生产中的奶油搅拌器如图 3-10 所示。

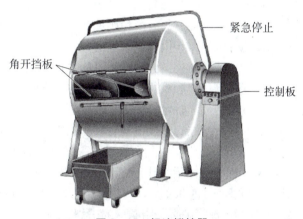

图 3-10　奶油搅拌器

(3) 影响搅拌的因素　为了使搅拌顺利,使脂肪损失减少,制成的奶油粒具有弹性、清洁完整、大小整齐,必须注意控制下列条件。

① 脂肪球的大小:在搅拌过程中损失的主要是小脂肪球。小脂肪球中的液体脂肪不易被挤压出来,不能形成黏稠的性质,不易形成奶油粒,易损失在酪乳中。

② 稀奶油的含脂率:稀奶油的含脂率决定脂肪球间距离的大小。含脂率越高间距越小,形成奶油粒也越快。但是,如果含脂率过高,奶油粒形成速度过快,使小的脂肪球来不及形成奶油粒便同酪乳排出,造成脂肪的损失。含脂率过高,黏度过大,易随搅拌器同转,不易形成泡沫,反而影响奶油粒的形成。一般稀奶油的含脂率以 34%~40% 为好。

③ 稀奶油的成熟程度:物理成熟对成品的质量和数量有决定性意义。固体脂肪球较液体脂肪球漂浮在气泡周围的能力强数倍。如果成熟不够,易形成软质奶油,并且温度高形成奶油粒速度快,有一部分脂肪未能集中在气泡处形成奶油粒,而损失在酪乳中,使奶油产率降低。

④ 搅拌的温度:搅拌温度决定着搅拌时间的长短及奶油粒的好坏,搅拌时间随着搅拌温度的提高而缩短。因为温度高时液体脂肪多,泡沫多,泡沫破坏快,因此奶油粒形成迅

速,但奶油质量较差,脂肪损失大。相反,如果温度过低,奶油粒过于坚硬,压炼操作不能顺利进行,容易制成水分过少、组织松散的奶油。搅拌时奶油的温度,冬季以 10～14℃,夏季以 8～10℃最适宜。

⑤ 搅拌机中稀奶油的添加量:搅拌机中装的量过多或过少,均会延长搅拌时间。一般小型手摇搅拌机要装入其容积的 30%～36%,大型电动搅拌机装入 50% 为适宜。如果稀奶油装得过多,则因形成泡沫困难而延长搅拌时间,但最少不得低于 20%。

⑥ 搅拌的转速:稀奶油在非连续操作的滚筒式搅拌机中搅拌时,一般取 40 r/min 左右的转速。如转速过快或过慢,均延长搅拌时间(连续操作的奶油制造机例外)。

⑦ 稀奶油的酸度:稀奶油的酸度也会影响奶油的搅拌,酸性奶油比甜性奶油更容易搅拌。发酵后稀奶油乳酸增多,pH 值降低,酪蛋白易凝固,使稀奶油的黏性降低,脂肪球容易碰撞形成脂肪粒。实验表明,稀奶油的 pH 值在 4.2 时,搅拌所需时间最短,酸度再继续增加时,搅拌时间又加长。所以,单考虑搅拌时间及损失的脂肪,则 pH 值以 4.2～4.6 最适当。但是,这种高酸度的稀奶油制成的奶油成品中,含蛋白质凝块多,易变质,保存性差,因此,制造酸性奶油用的稀奶油的酸度以 35.5°T 以下,一般以 30°T 最适宜。

(4) 搅拌程度的判断

① 在窥视镜上观察,由稀奶油状变为较透明、有奶油粒生成。

② 搅拌到终点时,搅拌机里的声音有变化。

③ 手摇搅拌机在奶油粒快出现时,可感到搅拌较费劲。

④ 停机观察,形成的奶油粒直径以 0.5～1 cm 为宜,搅拌终了后放出的酪乳含脂率一般为 0.5% 左右。如酪乳含脂率过高,则应从影响搅拌的各因素中找原因。

(5) 奶油颗粒的形成过程　稀奶油中脂肪球分散在脱脂乳中,既含有结晶的脂肪,又含有液态的脂肪。脂肪结晶在接近脂肪球膜处形成了一层外壳。剧烈搅拌时,形成了蛋白质泡沫层。因为表面活性作用,脂肪球的膜被吸到气-水界面,脂肪球集中到泡沫中。继续搅拌,蛋白质脱水,泡沫变小,使得泡沫更为紧凑,对脂肪球压力增大,液体脂肪从脂肪球中被压出,并使脂肪球膜破裂。脂肪球的破裂,使脂肪凝结形成奶油粒。开始时这些是肉眼看不见的,但搅拌继续,它们变得越来越大,聚合成奶油粒,使剩余在液体即酪乳中的脂肪含量减少。

5. 奶油的调色

夏天的原料乳色泽较浓,而冬天的原料乳色泽较浅。因此,奶油的颜色在夏季放牧期呈现黄色,冬季则颜色变淡,甚至呈白色。作为商品,为了使奶油颜色全年一致,冬季可添加色素。色素添加通常是在杀菌后搅拌前直接加入到搅拌器中。

使用的色素必须符合国家规定的油溶性不含毒素的食用色素。最常用的一种是胭脂树红(安那妥,Annatto),是天然植物性色素。安那妥 3% 的溶液称作奶油黄,色素的添加量可以对照"标准奶油色"的标本来确定,一般为 0.01%～0.05%。现在也常用胡萝卜素等来调整奶油的颜色。

6. 酪乳的排出和奶油粒的洗涤

奶油粒形成后,一般漂浮在酪乳表面,需要将奶油和酪乳尽量完全分离。此过程决定了奶油成品中非脂乳固体的含量。洗涤的目的则是洗去奶油粒表面的残余物,这些物质通常是乳糖、蛋白质、盐类等成分。这些物质含量越高,越容易造成微生物腐败。

洗涤的方法是将酪乳排出后,用杀菌冷却后的清水在搅拌机中洗涤奶油粒。洗涤用水要求符合饮水标准,并经加热煮沸后冷却使用。加水量为稀奶油量的 50% 左右,但水温需根据奶油的软硬度而定。夏季水温宜低,冬季水温稍高。注水后慢慢转动 3～5 圈后,停止转动将水放出。必要时可洗几次,直到排出清水为止。

(1) 水温　水洗用的水温在 3～10℃ 的范围,一般夏季水温宜低,冬季水温稍高。如奶油太软需要增加硬度,第一次的水温应较奶油粒的温度低 1～2℃,第二次、第三次各降低 2～3℃。水温降低过急,奶油色泽容易不均匀。

(2) 水洗次数　2～3 次。稀奶油风味不良或发酵过度时可洗 3 次,通常 2 次即可。每次的水量应与酪乳等量。

(3) 水质　要求奶油洗涤后,有一部分水残留在奶油中,所以洗涤水须质量良好,符合饮用水的卫生要求。含铁量高的水易促进奶油脂肪氧化,需加注意。用活性氯处理洗涤水时,有效氯的含量不应高于 200 mg/kg。

(4) 洗涤的目的　这是为了除去奶油粒表面的酪乳和调整奶油的硬度。因为用有异常气味的稀奶油制造奶油,会使部分气味消失。但水洗会减少奶油粒的数量。

7. 奶油的加盐

(1) 加盐的目的　甜性奶油加盐的目的有两个,一个是改善风味,二是抑制微生物的繁殖,提高其保存性。

(2) 加盐方法　先将盐在 120～130℃ 的干燥箱中熔烤 3～5 min,然后过 30 目筛。待奶油搅拌机中排除洗涤水后,将盐均匀撒在奶油表面,静置 5～10 min 后旋转奶油搅拌机 3～5 圈,再静置 10～20 min 后压炼。用连续式奶油制造机生产奶油时则需加盐水。盐粒的大小不宜超过 50 μm。

(3) 加盐量　奶油成品中食盐含量以 2% 为标准,由于在压炼时部分食盐流失,所以添加时,通常按 2.5%～3.0% 的数量加入。加入后静置 10 min 左右,然后压炼。按照奶油的理论产量,计算所需食盐的量。用于奶油生产的食盐必须符合国家特级或一级标准。

8. 奶油的压炼

经过洗涤的奶油仍以颗粒状存在。将奶油粒压成奶油层的过程称为压炼。小规模加工奶油时,可在压炼台上手工压炼,一般工厂均在奶油制造器中压炼。

(1) 压炼的目的　奶油粒之间有一定的间隙,因此有水分和空气。压炼的目的是使奶油粒变为组织致密的奶油层,使水滴分布均匀,使食盐全部溶解并均匀分布于奶油中。调节水分含量,即在水分过多时排除多余的水分,水分不足时加入适量的水分并使其均匀吸收,以得到良好的黏稠度、外观及保存性质的产品。

(2) 压炼方法及调整水分　有搅拌机内压炼和搅拌机外专用压炼机压炼两种,现在大多采用机内压炼方法。也可以采用真空压炼法,生产的奶油中空气量较低,比普通奶油稍硬一些。在真空压炼中,空气体积量约占 0.3%,而在常压下压炼的奶油占 4%～7%。

(3) 奶油压炼质量要求　正常压炼,奶油中直径小于 15 μm 的水滴的含量要占全部水分的 50%。直径达 1 mm 的水滴占 30%,直径大于 1 mm 的大水滴占 5%。奶油压炼过度会使奶油中含有大量空气,致使奶油中物理化学性质发生变化。正确压炼的新鲜奶油、加盐奶油和无盐奶油,水分都不应超过 16%。在制成的奶油中,水分应成为微细的小滴均匀分散。当用铲子挤压奶油块时,不允许有水珠从奶油块内流出。

9. 奶油的包装

不同用途的奶油包装有所不同。餐桌用奶油是直接涂抹食用的(也称涂抹奶油),需用小包装,一般用硫酸纸、塑料夹层纸、铝箔纸等包装材料,也有用小型马口铁罐真空密封包装或塑料盒包装。小包装一般用半机械压型手工包装或自动压型包装机包装。

烹调或食品加工用奶油一般都用较大型的马口铁罐、木桶或纸箱包装。包装规格:小包装几十到几百克,大包装 25~50 kg,根据不同的要求有多种规格。

小包装用的包装材料应具有下列条件:①韧性好,并柔软;②不透水,不透气,具有防潮性;③不透油;④无臭无味,无毒;⑤能遮蔽光线;⑥不受细菌污染。

包装时应特别注意:保持卫生,切勿以手接触奶油,要使用消毒的专用工具;包装时切勿留有间隙,以防产生霉斑或发生氧化等变质。

10. 奶油的贮藏和运输

(1) 贮藏　成品奶油包装后须立即送入冷库内冷冻贮藏,冷冻速度越快越好。一般在 -15℃以下冷冻和贮藏,如需较长期保藏必须在 -23℃以下。奶油出冷库后在常温下放置时间越短越好,在 10℃左右放置最好不超过 10 d。奶油的另一个特点是较易吸收外界气味,所以贮藏时应注意不得与有异味的物质贮放在一起,以免影响奶油的质量。

(2) 运输　注意保持低温,用汽车或冷藏火车等运输为好;在常温运输,成品奶油到达用货部门时的温度不得超过 12℃。

四、奶油常见的质量问题及控制措施

奶油常见的质量缺陷及防治措施见表 3-7。

表 3-7　奶油常见的质量缺陷及防治措施

质量问题		产生原因	控制措施
异味	酵母味和霉味	原料乳或稀奶油在加工过程中受酵母菌或霉菌的污染	严格控制原料乳的验收和加工过程中的卫生
	金属味	设备或容器生锈,洗涤不彻底	严格车间和设备的洗涤
	油脂臭味	油脂贮藏温度高、时间长、暴露在光线中或含有金属离子时易氧化	奶油在低温、避光的环境中储藏,避免使用金属容器盛放
	酸败味	杀菌强度不够;原料乳的酸度过高;洗涤次数不够;储藏温度过高	加大杀菌强度;使用高质量的原料乳;增加洗涤次数;低温储藏
	苦味	使用末乳;被酵母菌污染	避免使用末乳;加强生产中卫生管理
	鱼腥味	卵磷脂水解产生三甲胺造成的	生产中加强杀菌和卫生措施
	干酪味	奶油被霉菌或细菌污染,导致蛋白质水解	加强生产环境的消毒工作
	肥皂味	中和过度;操作不规范导致局部皂化	减少碱的用量或改进操作
	平淡无味	原料乳不新鲜;洗涤或脱臭过度	选用高质量的原料乳;改良洗涤或脱臭工艺

(续表)

质量问题		产生原因	控制措施
组织状态缺陷	水分过多	稀奶油在物理成熟阶段冷却不足；搅拌过度；奶油搅拌机中注入的稀奶油量过少；洗涤水温过高；洗涤时间过长；压炼时间过长	采取合适的冷却处理时间；降低搅拌时间和强度；调整奶油的加入量；调整洗涤工艺条件，降低水温，缩短时间；改善压炼方法，加强脱水处理
	奶油发黏	搅拌温度过高；洗涤水温过高；压炼温度过高；稀奶油冷却温度处理不当	严格控制搅拌温度；洗涤水温度不能超过10℃；选择合适的稀奶油冷却温度；控制压炼时间
	奶油易碎	稀奶油冷却处理方法不当；压炼不足	根据稀奶油的碘值，选择合适的冷却温度处理方法；压炼时注意奶油切面没有游离水即可
	砂状	此缺陷出现在加盐奶油中，盐粒粗大，未能溶解；有时出现粉状，并无盐粒存在，乃是中和时蛋白质凝固，混合于奶油中	加颗粒小的盐；中和操作得当，防止局部蛋白质变性
	组织状态不均匀（水珠、空隙）	压炼方法不当；搅拌过度；奶油粒冷却不良；包装时未压满包装容器	改良压炼方法；控制压炼时间；控制奶油冷却温度和时间；包装时尽量装满包装容器
色泽	色泽发白	奶油中胡萝卜素含量太少	添加胡萝卜素加以调节
	条纹状	此缺陷出现在干法加盐的奶油中，盐加得不匀；压炼不足洗涤水温度过高	调整压炼方法和辅料的添加方法；按要求严格控制搅拌和洗涤条件
	表面褪色	奶油暴露在阳光下，发生光氧化	避光储藏
	色暗而无光泽	压炼过度或稀奶油不新鲜	避免压炼过度；避免使用不新鲜的原料稀奶油

任务实施

1. 分小组绘制稀奶油和奶油的生产工艺流程图，在流程图上标注生产设备、工艺参数和工艺关键点等内容。

2. 分小组研读 GB 19646《食品安全国家标准　稀奶油、奶油和无水奶油》，回答以下问题：
① 找到稀奶油、奶油和无水奶油定义的依据。
② 稀奶油、奶油和无水奶油的感官要求是什么？如何检验？
③ 稀奶油、奶油和无水奶油的理化指标和微生物限量有哪些？该如何检测？

3. 以小组为单位，对奶油样品进行感官评定。感官评定细则见表 3-8。

表 3-8 奶油感官质量评鉴细则（RHB 401）

项目	特征	得分
滋味和气味（65 分）	具有奶油的纯香味,无其他异味	65
	味纯、但香味较弱	61～63
	平淡而无滋味	50～55
	有较弱的饲料味	45～50
	有较显著的不愉快异味	40～45
组织状态（20 分）	组织状态正常	25
	较柔软发腻、黏刀或脆弱、疏松者	12～15
	有孔隙或水珠	12～15
	外表浸水	12～15
色泽（5 分）	正常、均匀一致	5
	过白或着色过度	2～3
	色泽不一致	1～2
外形（5 分）	外形良好,具有该产品正常的形状	5
	包装合格	4
	包装较差	3

4. 在教师的指导下完成乳脂分离机的操作。

（1）使用乳脂分离机的操作过程及要点

① 分离机必须安装在水平而牢固的基础上,以防开动时造成立轴弯曲和喉轴承的损坏。

② 使用前在机件以及其他注油器中必须加足量润滑油。

③ 天气寒冷时,分离钵内先通热水,将分离钵加热后再分离。

④ 将预热后的乳通过纱布倒入受乳器中。

⑤ 开动分离机后,最初要缓慢,逐渐加快,等达到正常转数后再打开进口,开始分离。

⑥ 正常分离 3～5 min 后,于稀奶油和脱脂乳出口处同时放下两个容器,以测定在同一时间内,此两流出口的流量比例。一般在稀奶油的流出口下部可用 100～200 mL 容器的量筒,脱脂乳流出口下部则可用有刻度的大容器。待稀奶油达到一定刻度后,即把此两容器同时移开,并将稀奶油倒出,然后量脱脂乳的数量,并求出两者大致倍数。

不同的加工目的对稀奶油的浓度要求也不同,如果分离过程中发现稀奶油含脂率过低,则应停止分离,并将分离钵上调节栓向外旋（左）,即能达到调整的目的。此调节栓左旋 1 周约能增加含脂率 4%～5%,如将调节栓向相反方向旋转则能使含脂率降低。有些分离机的调节栓安装在稀奶油的出口,则调整方法恰恰相反。

⑦ 每隔 1.5～2 h,应清洗一次分离机中的乳泥。

二维码 54

⑧ 分离结束后可将部分脱脂乳倒入分离钵内,以便将稀奶油全部冲出。然后,使分离钵自然停止,不应强制停止。

⑨ 应按顺序拆卸分离机,分离机的机身先用湿布擦洗,再用干布擦干。

⑩ 分离机上与乳直接接触的部件,在拆卸后应用0.5%的碱水洗净,然后用90℃的热水清洗消毒,最后用布擦干,并置于清洁干燥的地方,以便下次使用。

任务评价

项目	知识	技能	态度
评价内容	本任务你主要学习了哪些知识?你最感兴趣的是哪一个知识点?	在该任务的学习中,你获得了哪些技能?你还有哪些困惑?	本任务所学对你有所助益或启发吗?你觉得如何才能将理论运用于实践?
评分: ☆零散掌握 ☆☆部分掌握 ☆☆☆扎实掌握	□☆ □☆☆ □☆☆☆	□☆ □☆☆ □☆☆☆	□☆ □☆☆ □☆☆☆

任务拓展

1. 阅读贸易行业标准 SB/T 10419《植脂奶油》,了解植脂奶油的定义、分类、感官要求、理化指标及其检验方法。

2. 请比较动物奶油和植脂奶油的异同点。

知识链接

奶油的连续式生产工艺

传统的奶油生产法为间歇生产法,随着奶油生产技术的发展,在工艺上多采用连续化生产。这种工艺采用连续式奶油制造机,以传统的搅拌法为基础,物理成熟后的稀奶油连续进入制造机,连续完成搅拌、洗涤、排液、加盐、压炼等工艺。降低了劳动强度,提高了生产效率。连续奶油生产机所用酸性稀奶油每小时可生产200~500 kg的奶油,用甜性稀奶油每小时可生产200~10 000 kg的奶油。连续式奶油制造机的构造如图3-11所示。

稀奶油首先加到双重冷却的有搅拌设施的搅拌桶中,搅拌设施由变速电动机带动。在搅拌桶中,脂肪球快速转化为奶油团粒,转化后的奶油团粒和酪乳通过分离口(也称为第一压炼口)。在第一压炼口奶油与酪乳分离。在此用循环冷却酪乳洗涤奶油团粒。在分离口,螺杆压炼奶油,也把奶油输送到下一道工序。在离开压炼工序时,奶油通过一锥形槽道和一个带孔的盘,即榨干段,除去剩余的酪乳。然后,奶油团粒继续到第二压炼段。每个压炼段都有不同的电动机,能按不同的速度操作以得到最理想的结果。在正常情况下,第一阶段螺杆的转动速度是第二阶段的两倍。最后压炼阶段可以通过高压喷射器将盐加入喷射室。下一个阶段是真空压炼区,和一个真空泵连接。在此可将奶油中的空气含量减少到和传统制造奶油的空气含量相同。最后

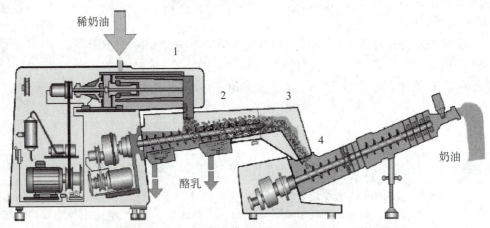

1—搅拌桶；2—分离口(第一压炼段)；3—榨干段；4—第二压炼段

图3-11 连续式奶油制造机

阶段由4个小区组成，每个区通过一个多孔的盘分隔，不同大小的孔盘和不同形状的压炼叶轮使奶油得到最佳处理。第一小区也有一喷射器用于最后调整水分含量。经过调整，奶油的水分含量变化限定在0.1%的范围内，保证稀奶油的特性保持不变。感应水分含量、盐含量、密度和温度的传感器配备在机器的出口处，自动控制上述参数。最终成品奶油从该机器的末端喷头，呈带状连续排出，进入奶油仓，再被输送到包装机。

提示 人造奶油是真正的奶油吗？

市场上乳脂肪类乳制品主要有奶油(黄油)、稀奶油和无水奶油(无水黄油)。还有一种人造奶油(人造黄油)，与奶油相同吗？人造奶油配料中无牛奶成分，不属于乳制品，它只是在口感上具有奶油特色，但根本与奶无关。含有的氢化植物油脂就是大家所熟悉的反式脂肪酸。因此消费者购买食品时，可以查看乳制品或以牛乳为原料的加工食品的标签来减少或避免食用反式脂肪酸。

知识与技能训练

1. 知识训练

① 简述稀奶油和奶油的定义和种类。
② 试述奶油团粒洗涤的目的。
③ 试述甜性奶油生产中搅拌的目的及影响搅拌的因素。
④ 试述酸性奶油发酵的目的及常用的发酵剂。

2. 技能训练

① 绘制稀奶油和奶油的生产工艺流程图。
② 模拟训练：奶油存在质量缺陷时应采取的相关措施。

项目三
炼乳的加工

知识目标

1. 认识炼乳的概念、分类和质量标准。
2. 能概述甜炼乳和淡炼乳的加工工艺及操作要点。
3. 能归纳甜炼乳可能出现的缺陷及质量控制。

技能目标

1. 能借助标准文件对全脂加糖炼乳和全脂无糖炼乳样品进行感官评定。
2. 能按标准完成甜炼乳的加工。
3. 会计算加糖量和蔗糖比。

任务　炼乳的加工

任务描述

许多人会将炼乳作为饮食中不可缺少的一个美味。炼乳其实也是一种乳制品，一般出现在早餐、下午茶等场合。炼乳与小馒头、面包、咖啡和茶包等搭配，可以吃出不同的风格。请跟着我们来看看炼乳是如何生产的吧！

知识准备

一、炼乳的定义及分类

炼乳是以生乳和(或)乳制品为原料,添加或不添加食品添加剂和营养强化剂,经加工制成的黏稠状产品。它主要有以下3类。

(1) 淡炼乳　以生乳和(或)乳制品为原料,添加或不添加食品添加剂和营养强化剂,经加工制成的黏稠状产品。

(2) 加糖炼乳　以生乳和(或)乳制品、食糖为原料,添加或不添加食品添加剂和营养强化剂,经加工制成的黏稠状产品。

(3) 调制炼乳　以生乳和(或)乳制品为主料,添加或不添加食糖、食品添加剂和营养强化剂,添加辅料,经加工制成的黏稠状产品。

按照成品是否脱脂,炼乳还可以分为全脂炼乳及脱脂炼乳;若加入可可、咖啡或其他辅料,可制作多种花式炼乳;若添加维生素等营养物质,则可制成各种强化炼乳。

二、甜炼乳的加工

甜炼乳的生产工艺流程如图3-12所示,加工生产线如图3-13所示。甜炼乳的操作要点如下。

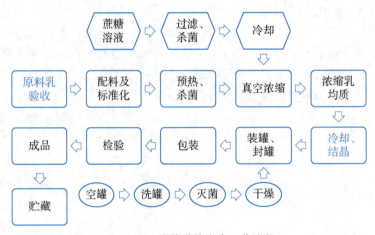

图3-12　甜炼乳的生产工艺流程

1. 原料乳的验收

原料乳应严格按要求验收,生乳(原料乳)应符合GB 19301的要求。

(1) 控制芽孢菌和耐热细菌的数量　由于炼乳生产需真空浓缩,乳的实际受热温度仅为65~70℃。而65℃对于芽孢菌和耐热细菌是较适合的生长条件,有可能导致乳的腐败,所以应严格地控制原料乳中的微生物数量,特别是芽孢菌和耐热菌。

(2) 乳蛋白热稳定性好　要求乳能耐受强热处理,酸度不能高于18°T,并且要求72%

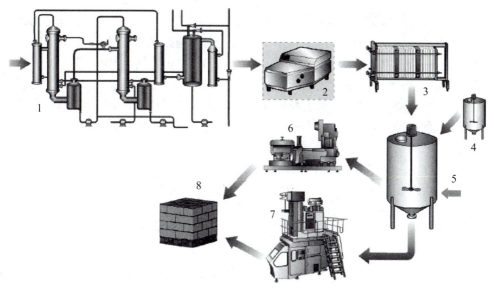

1—真空浓缩；2—均质；3—冷却；4—添加糖浆；5—冷却结晶罐；6—装罐；7—包装；8—装箱

图3-13 甜炼乳加工生产线示意图

中性酒精试验呈阴性、盐离子平衡。盐离子的平衡主要受饲养季节、饲料和哺乳期的影响。

2. 配料及标准化

按照国家标准、产品配方进行标准化配料。

3. 预热杀菌

预热杀菌在配料标准化之后、浓缩之前。加热杀菌还有利于下一步浓缩，故称为预热，亦可统称为预热杀菌。

（1）预热目的

① 杀灭原料乳中的病原菌和大部分杂菌，以保证产品的卫生，破坏和钝化酶的活力，防止成品产生脂肪水解、酶促褐变等不良现象，同时提高成品的保存性。

② 牛乳在真空浓缩前预热，一方面保证沸点进料，可使浓缩过程稳定，蒸发速度提高；另一方面可防止低温的原料乳进入浓缩设备，原料乳与加热器温差过大，骤然受热，易在加热器表面焦化结垢，影响传热效率与成品质量。

③ 使乳蛋白质适当变性，同时一些钙盐会沉淀下来，提高了酪蛋白的热稳定性，对淡炼乳可防止其在以后高温灭菌时凝固；还可以获得适宜的黏度，避免成品出现变稠和脂肪上浮等现象。

（2）预热方法和工艺条件

① 低温长时法：这是比较传统的方法，又称为保持式杀菌法，一般采用夹套加热，温度在100℃以下，时间较长。

② 高温短时法：一般采用片式或管式换热器加热，温度80～85℃，时间3～5 min。

③ 超高温瞬间法：该方法将牛乳加热到沸点以上，温度为120℃，时间2～4 s，可以使牛乳呈现无菌状态。

4. 加糖

(1) 加糖的目的和要求　目的有两个：一是赋予制品甜味；二是利用蔗糖溶液的渗透压抑制微生物的繁殖,提高制品的保存性。所用的白砂糖必须符合我国国家标准 GB 317 规定的优级或一级标准。如果使用低劣的白砂糖易引起发酵产酸,影响炼乳的质量。

(2) 加糖量与蔗糖比　为了充分抑制细菌的繁殖和达到预期的效果,必须添加足够的蔗糖。然而,蔗糖添加过多会产生乳糖结晶析出。加糖量一般用蔗糖比表示,蔗糖比就是甜炼乳中所加的蔗糖与其水溶液(水和蔗糖之和)的比值。炼乳的蔗糖含量应在规定的范围内,一般以 62.5%～64.5%最适宜。

(3) 加糖方法　生产甜炼乳时蔗糖的加入方法有以下 3 种。

① 杀菌前加入：将蔗糖等直接加入原料乳中,经预热杀菌后吸入浓缩罐中。此法可减少浓缩的蒸发水量,缩短浓缩时间,节约能源。缺点是会增加细菌及酶的耐热性,产品易变稠及褐变。在采用超高温瞬间预热及双效或多效降膜式连续浓缩时,可以使用这种加糖方法。

② 杀菌后将糖浆加入：原料乳和 65%～75%的浓糖浆分别经 95℃、5 min 杀菌,冷却至 57℃后混合浓缩。此法适于连续浓缩的情况,间歇浓缩时不宜采用。

③ 浓缩后期加入：先将牛乳单独预热并真空浓缩,在浓缩即将结束时将浓度约为 65%的杀菌蔗糖溶液吸入真空浓缩罐中,再短时间浓缩。此法使用较普遍,对防止变稠效果较好,但浓乳初始黏度过低时易引起脂肪游离。

5. 真空浓缩

浓缩是使牛乳中水分蒸发以提高乳固体含量,使其达到所要求浓度的过程。其原理、方法、设备与乳粉生产中的浓缩过程基本相同,不再赘述。

6. 浓乳均质

(1) 均质目的　炼乳生产中均质的目的主要有：

① 破碎脂肪球,防止脂肪上浮。

② 使吸附于脂肪球表面的酪蛋白量增加,进而改进黏度,缓和变稠现象。

③ 使炼乳易于消化吸收。

④ 改善产品感官质量。

(2) 均质工艺　最主要的两个工艺条件是压力和温度。压力过高或过低均对产品质量有影响：压力过高会降低酪蛋白的热稳定性,过低则达不到破坏脂肪球的目的。使 2 μm 以下的脂肪球含量达到较高的比率,则 65℃是最适宜的均质温度。在实际操作中,均质温度一般为 50～65℃。由于浓缩后温度可达到 50℃,所以均质应放在浓缩后立即进行。

在炼乳生产中视具体情况可以采用一级或二级均质。国内多为一级均质。如采用二级均质,第一级在预热之前进行,第二级应在浓缩之后。第一级均质压力为 10～14 MPa,温度为 50～60℃;第二级均质压力为 3.0～3.5 MPa,温度控制在 50℃左右。

7. 冷却结晶

(1) 冷却结晶的目的　在甜炼乳生产中,冷却结晶是最关键也是最困难的一个环节,此环节对产品质量影响很大。真空浓缩锅里放出的浓缩乳,温度为 50℃左右,如果不及时冷却,会加剧成品在贮藏期变稠与褐变的倾向,所以须迅速冷却至常温。通过冷却结晶可使处于饱和状态的乳糖形成细微的结晶,保证炼乳具有细腻的感官品质。

(2)乳糖结晶的原理　控制温度可控制乳糖的溶解度,进而达到促进乳糖结晶的目的。此外,加入晶种也可以促进乳糖的结晶。由于乳糖的溶解度较低,甜炼乳中乳糖处于过饱和状态,饱和部分的乳糖结晶析出是必然的趋势。但是,任其缓慢地自然结晶,则晶体颗粒少而晶粒大,会影响成品的感官质量。乳糖结晶大小在 10 μm 以下者舌感细腻;15 μm 以上则舌感呈粉状;超过 30 μm 者呈显著的砂状,感觉粗糙。而且,大的结晶体在保存中会形成沉淀而成为不良成品。冷却结晶就是要选择适当的结晶条件,促使乳糖形成多而细的结晶。

结晶温度是个关键条件:温度过高不利于迅速结晶;温度过低,黏度增大,也不利于迅速结晶。结晶的最适温度可根据炼乳中乳糖水溶液的浓度来选择。

投入晶种也是强制结晶的条件之一。晶体的产生是先形成晶核,晶核再进一步长为晶体。对于相同的结晶量来讲,若晶核形成的速度远远大于晶体成长的速度,则晶体多而颗粒细;反之,则晶体少且颗粒粗。添加晶种的目的是要给过饱和的乳糖一个结晶诱导力,为晶核的形成创造条件,以便保证晶核形成速度大大超过晶体的成长速度,进而得到多而细的结晶。

炼乳结晶时,为达到微细的目的,一般冷却分为两个阶段,即先将出罐后的炼乳在搅拌的同时迅速冷却至 28 ℃,为了加速结晶可加入 0.025% 的微细晶种或 1% 的成品炼乳,并在此温度下保持 1 h 左右,然后进一步冷却至 12~15 ℃。

(3)冷却结晶的方法　一般可分为间歇式和连续式两大类。间歇式冷却结晶常采用蛇形管冷却结晶器。还有采用真空冷却结晶机的,将浓缩乳送入真空冷却结晶机后,在减压条件下冷却,冷却速度既快又可减少污染。在真空度较高的条件下,炼乳在冷却时会处于沸腾状态,由于内部有较高的摩擦作用,因而可获得微细均匀的结晶。采用此法时,应先考虑沸腾状态时炼乳中的水分会蒸发一部分,采取一定的措施,防止成品水分偏低。

连续式冷却结晶常采用连续瞬间冷却机,此设备与冰淇淋的凝冻机有些类似。炼乳在强烈搅拌下,在几秒到几分钟内就可被冷却至 20 ℃ 以下。用此设备冷却结晶,即使不加入晶种也可得到微细的乳糖结晶,且由于强烈的搅拌作用,使炼乳不易变稠,还可以防止褐变和污染。

8. 装罐与包装

(1)装罐　炼乳经检验合格后方可装罐。空罐须用蒸汽杀菌(90 ℃ 以上保持 10 min),沥干水分或烘干后方可使用。装罐时,务必除去气泡并尽量装满,封罐后及时擦罐,再贴标签。大型工厂多用自动装罐机,能自动调节流量和封口;或采用脱气设备脱气再用真空封罐机封口。

(2)包装间的卫生　由于甜炼乳装罐后不再杀菌,所以对机器设备和包装间的卫生状况要更加注意,防止对炼乳造成二次污染。装罐前,包装室要用紫外线灯光杀菌 30 min,并用 20 mL 乳酸熏蒸一次。消毒设备用的漂白粉水浓度一般为 400~600 mg/L,包装室门前消毒鞋用的漂白粉水浓度为 1 200 mg/L。包装室墙壁(2 m 以下地方)最好采用 1% 的硫酸铜防霉剂粉刷。

9. 检验

按照 GB 13102、GB/T 5417 及相关食品法律法规要求检验。

10. 贮藏

炼乳贮藏于仓库内,应离开墙壁及保暖设备 30 cm 以上。仓库内的温度应恒定,不得高于 15℃,空气湿度不应高于 85%。如果贮藏温度常发生变化,则乳糖可能形成大的结晶。如果贮藏温度过高,则容易出现变稠的现象。贮藏中每月应进行 1~2 次翻罐。

三、甜炼乳可能出现的缺陷及质量控制

1. 变稠(浓厚化)

甜炼乳在贮藏期间,尤其是当贮藏温度较高时,黏度会逐渐增加,以致失去流动性,甚至发生凝固,这一过程称为变稠。变稠是甜炼乳贮藏中最为常见的缺陷之一。其原因有细菌性和理化性两个方面。

(1) 细菌性变稠　产生的原因有两个:①乳中微生物产酸;②凝乳酶对乳的凝固作用。产酸微生物主要是芽孢菌、链球菌、葡萄球菌及乳酸杆菌,所产生的有机酸主要是甲酸、乳酸、乙酸、丁酸、琥珀酸等。如原料乳污染了较多的细菌,即使细菌已死亡,但凝乳酶的作用并不消失,仍会出现甜炼乳变稠现象。

防止细菌性变稠的措施有以下 4 点。①加强各个生产工序的卫生管理,并将设备彻底清洗、消毒以避免微生物污染。②采取有效的预热杀菌方法,预热杀菌温度以控制在(79±1)℃,保温 10~15 min 为宜,可达到细菌的热力致死时间。③保持一定的蔗糖浓度。为防止炼乳中的细菌生长,蔗糖比必须在 62.5% 以上,但超过 65% 会发生蔗糖析出结晶。因此,蔗糖比以 62.5%~64.5% 为宜。④贮藏于低温(10℃)下。

(2) 理化性变稠　由于乳中蛋白质胶体由溶胶态转变为凝胶态,进而导致甜炼乳变稠凝固。产生理化性变稠的原因大致有以下 7 点。

① 蛋白质含量与脂肪含量:乳蛋白质含量超高,脂肪含量越低则越易引起变稠。乳中蛋白质胶粒因涨润或水合作用引起变稠,而脂肪介于蛋白质胶粒之间,有利于防止胶粒互相结合。

② 蔗糖含量和加入方法:蔗糖具有很强的渗透压,可使乳中酪蛋白的水合性降低,自由水增加。因此,适当增加蔗糖含量,可降低甜炼乳的变稠倾向。加糖方法应以浓缩末期添加为佳。

③ 盐类平衡:盐类特别是钙盐、镁盐过多会引起变稠。可以添加柠檬酸钠、磷酸氢二钠等平衡过多的钙离子、镁离子,抑制变稠。通过离子交换减少乳中钙离子、镁离子也能达到相同的目的。

④ 酸度:酸度高会使酪蛋白胶粒不稳定,促进甜炼乳变稠。酸度高时可用碱中和,中和后用于生产工业用炼乳;而当酸度过高时,用碱中和也不能防止变稠。因此,除了控制好原料乳质量外,还要做好卫生工作。

⑤ 贮藏条件:贮藏温度越高,时间越长,就越容易变稠。一般将温度控制在 15℃ 以下,在保存期内产品是不会变稠的。

⑥ 预热条件:预热条件对产品变稠影响最大。80~100℃ 的预热条件会引起变稠,100℃ 左右表现最强烈。采用超高温瞬间热处理可以防止变稠。

⑦ 浓缩工艺:浓缩温度过高、时间过长,就越会引起变稠。采用间歇式真空浓缩锅浓

缩时,在浓缩末期停止送蒸汽,但仍打开冷凝器和真空泵,有利于抑制变稠倾向。采用先进浓缩设备则可以较方便地解决因浓缩而引起的变稠现象。

2. 脂肪上浮

甜炼乳贮存期内,盖内黏有一层淡黄色的膏状脂肪层,这就是脂肪上浮。脂肪上浮是甜炼乳的常见缺陷,严重的贮存一年后的脂肪黏盖厚度可达 5 mm 以上,膏状脂肪层的脂肪含量在 20%～60%,严重影响甜炼乳的质量。

脂肪上浮与牛种有关系,含脂率高的水牛、黄牛乳脂肪球大,容易产生脂肪上浮。工艺操作方面,预热温度偏低、保温时间短、浓缩时间过长、浓缩乳温度超过 60℃、甜炼乳的初始黏度偏低,都会促使甜炼乳脂肪上浮。

可采用合适的预热条件;控制浓缩条件,并保持甜炼乳的初始黏度不过低;采用均质工艺和连续浓缩,可有效地防止甜炼乳脂肪上浮。

3. 纽扣状凝块的形成

纽扣状絮凝是由死亡的霉菌引起的,通常在炼乳表面呈白、黄或赤褐色纽扣状出现。一般而言,死亡霉菌在其代谢物酶的作用下,在 1～2 月后逐步形成纽扣状絮凝,带有干酪和陈腐气味。

还有一种称为绿斑,甜炼乳装罐后仅 2～3 d,个别罐盖的膨胀线(圈)上往往黏有灰绿色的小凝粒。大部分直径仅 2～3 mm,最大的有 5～6 mm;每个盖 1～2 个,多则十多个,圆球形或扁圆形,严重影响外观。绿斑是由化学原因引起,一般分布在罐盖膨胀线的露铁点或擦伤处。泡沫多的甜炼乳会加剧绿斑的产生,使绿斑大而多。

防止甜炼乳"纽扣"的发生,一是要避免霉菌污染,二是要防止甜炼乳产生气泡。具体措施如下:

① 所有管道设备,使用前应经过有效的杀菌,并防止再污染。装乳间空气用乳酸熏蒸消毒和足够数量的紫外线灯照射 30 min 以上。

② 空罐及罐盖经 120℃、2 h 杀菌,做到随消毒随使用,以免霉菌污染。

③ 彻底进行预热、杀菌。

④ 避免甜炼乳暴露在空气中太久,贮存缸等要密闭,装奶间顶棚及墙壁定期用防霉涂料粉刷,并搞好厂区的环境卫生。

⑤ 采取真空封罐,防止甜炼乳产生气泡,装罐要满,不留空隙。

⑥ 防止绿斑的措施是选用适合甜炼乳罐头生产用的马口铁;制罐过程避免铁皮锡层擦伤,防止甜炼乳产生泡沫。

⑦ 在 15℃以下倒置贮藏。

4. 胀罐(胖听)

甜炼乳在贮藏期间,有时会发生胀罐现象,也称为胖听。这是由微生物活动引起的,主要原因是酵母菌作用使高浓度的蔗糖溶液发酵生成酒精和二氧化碳。贮存温度较高时,嫌气性酪酸菌繁殖产生气体会造成胀罐。炼乳中残余的乳酸菌繁殖生成乳酸,与锡作用后会生成氢气,也可造成胀罐。

除微生物原因引起的胀罐外,有时还会因为低温装罐、高温贮藏而引起胀罐,这类胀罐属于物理性胀罐,即所谓的假胖听。应在装罐和贮藏时控制适当的温度以避免此类现象的发生。

5. 砂状炼乳

甜炼乳舌感细腻与否,取决于乳糖结晶的大小。砂状炼乳是指乳糖结晶过大,使舌感粗糙甚至有明显的砂状感觉。为了避免砂状炼乳的形成,应做好乳糖冷却结晶操作,将成品中的乳糖结晶粒径控制在 10 μm 以下。形成砂状组织。除了乳糖的原因外,有时蔗糖也会产生砂状结晶,尤其是蔗糖比超过 65% 时,在低温条件下保存,就很容易产生较大的蔗糖结晶。所以,生产过程中还应控制好适当的蔗糖比,且要在加糖时将蔗糖充分溶解。

6. 糖沉淀

甜炼乳中的乳糖结晶过于粗大时就会在罐底沉淀下来,这就是甜炼乳的容器底部有时有糖沉淀的原因。炼乳中所含的 α-乳糖水合物在 15.6℃ 时的相对密度为 1.545 3,而甜炼乳的平均相对密度大约是 1.30,所以结晶的乳糖在贮藏期间会有下沉的趋势。但是,如果把乳糖结晶控制在 10 μm 以下,且有适当的黏度,一般就不会再产生糖沉淀的现象。因此,要使结晶细微,能悬浮于炼乳间。另外,若蔗糖比过高,同样也会引起蔗糖结晶沉淀。糖沉淀的预防措施同上述的砂状炼乳。

7. 棕色化(褐变)

甜炼乳在贮藏期间颜色逐渐变为棕褐色并失去光泽的现象称为褐变。褐变产生的原因通常是乳中蛋白质和糖发生了碳铵反应造成的。因此,若使用含还原糖多的蔗糖或者添加过量替代用的葡萄糖浆,褐变就会显著。要控制褐变的发生,就必须使用品质良好的蔗糖及原料乳,且在加工过程中要避免高温长时间加热;要贮藏在温度较低的场所,还要注意由于微生物严重污染而发生的酶促褐变。

8. 柠檬酸钙沉淀(小白点)

甜炼乳冲调好,有时在杯底会发现有白色细小的沉淀,俗称小白点,该沉淀的主要成分是柠檬酸钙。控制柠檬酸钙的结晶类似于控制乳糖结晶,另外也可采用添加晶种的方法。只不过这里是添加柠檬酸钙。在预热前的原料乳中添加最好,可以避免污染。另外,柠檬酸钙的析出与乳中盐类平衡、柠檬酸钙的存在状态与晶体的大小等因素有关。实践证明,在甜炼乳冷却结晶过程中,添加 15～20 mg/L 的柠檬酸钙的粉剂,特别是添加柠檬酸钙胶体作为诱导结晶的晶种,可以促使柠檬酸钙晶核提前形成,有利于形成细微的柠檬酸钙结晶,从而减轻或防止柠檬酸钙沉淀。

9. 酸败臭及其他异味

酸败臭是由于乳脂肪水解生成的刺激味。若在原料乳中混入了初乳或末乳或污染了能生成脂酶的微生物,杀菌中混入了未经杀菌的原料乳,采用了低于 70℃ 的预热温度而使脂酶有所残留,或原料乳中的脂酶未被破坏就进行均质等,均会使成品炼乳逐渐产生脂肪分解臭味。此外,若饲料或乳畜饲养管理不良可能会造成鱼腥臭味、青草臭味等异味。

四、淡炼乳的加工简介

淡炼乳的生产工艺流程如图 3-14 所示,加工生产线如图 3-15 所示。

图 3-14　淡炼乳的生产工艺流程

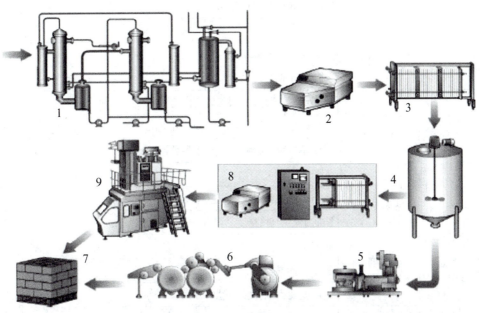

1—真空浓缩；2—均质；3—冷却；4—中间罐；5—灌装；6—消毒；7—贮存；8—超高温处理；9—无菌灌装

图 3-15　淡炼乳加工生产线示意图

淡炼乳与甜炼乳加工的不同点：与甜炼乳的加工工艺相比，淡炼乳的加工因为浓缩浓度不易掌握，要进行二次标准化，即加水实验；为提高乳蛋白质的热稳定性，灌装前要进行添加磷酸氢二钠或柠檬酸钠的小样实验；灭菌后防止炼乳的变稠或蛋白质沉淀，要进行振荡实验；为确保产品出厂后质量稳定，出厂前要进行保温实验。然后出厂检验，检验合格方可出厂销售。

任务实施

1. 分小组绘制甜炼乳和淡炼乳的生产工艺流程图，在流程图上标注生产设备、工艺参数和工艺关键点等内容。

2. 分小组研读 GB 13102《食品安全国家标准　炼乳》，回答以下问题：

① 找到炼乳的定义和分类。
② 炼乳的感官要求是什么？如何检验？
③ 炼乳的理化指标和微生物要求有哪些？该如何检测？

3. 以小组为单位，对全脂加糖炼乳和全脂无糖炼乳样品进行感官评定。感官评定细则见表3-9和表3-10。

表3-9　全脂加糖炼乳感官质量评鉴细则（RHB 301）

项目		特　征	得分
滋味和气味 （60分）	滋味 （30分）	甜味纯正，具有明显杀菌牛乳的滋味	30
		杀菌牛乳的滋味平淡	23～28
		有不纯杀菌牛乳的滋味	17～22
	气味 （30分）	具有明显巴氏杀菌牛乳的气味	30
		杀菌牛乳的气味平淡	23～28
		有不纯杀菌牛乳的气味	17～22
组织状态 （35分）	组织质地 （7分）	组织细腻、质地均匀、无乳糖沉淀	7
		组织较细腻、质地较均匀、少量乳糖沉淀	5～6
		组织不细腻、质地不均匀、较多乳糖沉淀	2～4
	脂肪上浮或 黏盖（7分）	无脂肪上浮	7
		脂肪轻度上浮、轻度黏盖（厚度≤1 mm）	5～6
		脂肪上浮明显、重度黏盖（1 mm＜厚度≤2.5 mm）	2～4
	黏度 （7分）	黏度正常呈叠带状	7
		黏度较稠或较稀	5～6
		黏度变化大，有变厚或呈软膏状	2～4
	乳糖结晶 （7分）	乳糖结晶细小且均匀	7
		乳糖结晶稍大，舌尖微感粉状	5～6
		乳糖结晶较大，舌感砂状	2～4
	钙盐沉淀 （7分）	冲调后有微量钙盐沉淀	7
		冲调后有少量钙盐沉淀	5～6
		冲调后有大量钙盐沉淀	2～4
色泽 （5分）		呈乳白（黄）色，色泽均匀，有光泽	5
		色泽有轻度变化	3～4
		色泽有明显变化（肉桂色或淡褐色）	1～2

二维码57

表 3-10　全脂无糖炼乳感官质量评鉴细则（RHB 302）

项目		特　征	得分
滋味和气味 （60 分）	滋味 （30 分）	具有明显灭菌乳的滋味	30
		灭菌乳的滋味平淡	24～27
		具有不纯灭菌乳的滋味	20～23
	气味 （30 分）	具有明显灭菌乳的滋味	30
		灭菌乳的滋味平淡	24～27
		具有不纯灭菌乳的滋味	20～23
组织状态 （35 分）	组织质地 （7 分）	组织细腻，质地均匀	7
		组织较细腻，质地均匀	5～6
		组织不细腻，质地均匀	2～4
	脂肪 （7 分）	无脂肪上浮	7
		脂肪轻度上浮	5～6
		脂肪上浮较显	2～4
	黏度 （7 分）	黏度正常	7
		黏度稍大或稍稀	5～6
		黏度较大或较稀	2～4
	凝块 （7 分）	无凝块	7
		有少量凝块	5～6
		有大量凝块	2～4
	沉淀 （7 分）	无沉淀、无机械杂质	7
		有少量的砂粒、粒状沉淀物、机械杂质	5～6
		有较多的砂粒、粒状沉淀物、机械杂质	2～4
色泽 （5 分）		呈乳白（黄）色，色泽均匀，有光泽	5
		色泽有轻度变化	3～4
		色泽呈白色黄褐色	1～2

二维码 58

项目	知识	技能	态度
评价内容	本任务你主要学习了哪些知识？你最感兴趣的是哪一个知识点？	在该任务的学习中，你获得了哪些技能？你还有哪些困惑？	本任务所学对你有所助益或启发吗？你觉得如何才能将理论运用于实践？

(续表)

项目	知识	技能	态度
评分： ☆ 零散掌握 ☆☆ 部分掌握 ☆☆☆ 扎实掌握	□☆ □☆☆ □☆☆☆	□☆ □☆☆ □☆☆☆	□☆ □☆☆ □☆☆☆

能力拓展

加糖量的计算

蔗糖比决定了甜炼乳中应含蔗糖的浓度，同时也是向原料乳中添加蔗糖量的计算标准，一般用下式来表示：

$$蔗糖比 = \frac{蔗糖量}{水分量 + 蔗糖量} \times 100\% = \frac{蔗糖量}{100 - 总乳固体量} \times 100\%。$$

由上述蔗糖比的计算公式，可计算出甜炼乳中的蔗糖百分含量，而后可以根据浓缩比计算出原料乳中应加入的蔗糖量：

$$炼乳中的蔗糖含量(\%) = \frac{(100 - 总乳固体量) \times 蔗糖比}{100},$$

$$浓缩比 = \frac{甜炼乳中的总乳固体量(\%)}{原料乳中的总乳固体量(\%)} = \frac{甜炼乳中的蔗糖量(\%)}{原料乳中应加的蔗糖量(\%)},$$

$$应添加的蔗糖量 = \frac{甜炼乳中的磷(蔗)糖量(\%)}{浓缩比}。$$

例1 总乳固体含量为28%，蔗糖含量为45%的炼乳，其蔗糖比是多少？

解 代入上述公式得：

$$蔗糖比 = \frac{45}{100 - 28} \times 100\% = 62.5\%。$$

例2 总乳固体含量为30%的甜炼乳，当其蔗糖比为64.3%时，其中蔗糖的含量为多少？

解 根据蔗糖含量的计算公式：

$$炼乳中的蔗糖含量(\%) = \frac{(100 - 30) \times 64.3\%}{100} = 45\%。$$

知识链接

炼乳的由来

炼乳是最早使用工业化生产的乳制品，1827年法国人 N·阿佩尔首先发明了高温浓缩牛奶制成炼乳的技术。1835年，英国人牛顿氏（Newrons）研究用真空浓缩法生产甜炼乳成功。1856

年,美国人G·博登(G·Borden)在一次海上旅行时,目睹了同船的几个婴儿因吃了变质牛奶而丧生的惨状,于是萌发了研究牛奶保存技术的念头。经过反复实验,研制出采用减压蒸馏的方法将牛奶浓缩至原体积40％左右的炼乳技术,且在炼乳中加入大量的糖(达到成品重量的40％以上)起到抑制细菌生长的作用,获得美国的加糖炼乳发明专利。1884年,美国贝吉公司的技师迈恩博格(Meinberg)在巴斯德加溢灭菌法的基础上,发明了新的牛奶浓缩法,在炼乳灌装后进行高温灭菌,生产出了可长期保存的无糖炼乳(淡炼乳)。

20世纪初,炼乳进入中国。1926年,在浙江温州五马街开药店的吴百亨先生采用紫铜平锅法生产炼乳,经过无数次试验取得成功;然后到美国、日本采购真空浓缩锅和炼乳灌装机等先进设备,在现今浙江省瑞安市陶山镇荆谷创办了中国第一家真正工业化生产的乳制品企业,专门生产炼乳,并在当时的国民政府注册了中国乳制品工业第一个商标——擒雕牌。

提示 如何选择和食用炼乳

炼乳制品可在室温下保藏9个月以上。如果在较高的温度下贮藏时间过长,会发生成品的变稠、颜色变深和脂肪分离的现象。开罐后不能久存,必须在1～2天内用完。仔细查看生产日期及保质期,以免买到过期产品。选购无胖听(胀听)、无瘪听、无碰伤、摔伤的产品。开罐后要检查有无霉斑、结块等明显变质的现象。

知识与技能训练

1. **知识训练**

① 炼乳的种类有哪些?试述全脂甜炼乳工艺流程及操作要点。

② 甜炼乳生产中冷却结晶的目的是什么?

③ 甜炼乳中加糖有什么作用?怎样控制加糖量?

④ 甜炼乳与淡炼乳的加工工艺流程有什么区别?

2. **技能训练**

① 绘制甜炼乳和淡炼乳的生产工艺流程图。

② 用总乳固体含量为11.5％的标准化后的原料乳,生产总乳固体含量为30％及蔗糖含量为45％的甜炼乳,请问需要在100 kg原料乳中添加多少蔗糖?

图书在版编目(CIP)数据

乳制品加工技术/顾瑜萍主编. —上海:复旦大学出版社,2022.8
ISBN 978-7-309-16041-3

Ⅰ.①乳… Ⅱ.①顾… Ⅲ.①乳制品-食品加工 Ⅳ.①TS252.4

中国版本图书馆 CIP 数据核字(2021)第 241699 号

乳制品加工技术
顾瑜萍　主编
责任编辑/张志军

复旦大学出版社有限公司出版发行
上海市国权路 579 号　邮编:200433
网址: fupnet@ fudanpress.com　http://www.fudanpress.com
门市零售: 86-21-65102580　团体订购: 86-21-65104505
出版部电话: 86-21-65642845
上海四维数字图文有限公司

开本 787×1092　1/16　印张 12　字数 237 千
2022 年 8 月第 1 版
2022 年 8 月第 1 版第 1 次印刷

ISBN 978-7-309-16041-3/T·710
定价: 42.00 元

如有印装质量问题,请向复旦大学出版社有限公司出版部调换。
版权所有　　侵权必究

活页教材专用笔记纸